赫尔曼・外尔

1 赫尔曼 · 外尔
2 赫尔曼 · 外尔与导师大卫 · 希尔伯特在一起

赫尔曼 · 外尔

Noether 组成员

SCIENCE & HUMANITIES

诗魂数学家的沉思

赫尔曼·外尔论数学文化

数学家思想文库

丛书主编 李文林

[德] 赫尔曼·外尔 / 著

袁向东 等 / 编译

A Mathematician With A Poetic Soul

Hermann Weyl's View of Mathematical Culture

大连理工大学出版社
Dalian University of Technology Press

图书在版编目(CIP)数据

诗魂数学家的沉思 ：赫尔曼·外尔论数学文化 / （德）赫尔曼·外尔著 ；袁向东等编译. -- 大连 ：大连理工大学出版社，2023.1

（数学家思想文库 / 李文林主编）

ISBN 978-7-5685-3989-0

Ⅰ. ①诗… Ⅱ. ①赫… ②袁… Ⅲ. ①数学－文集 Ⅳ. ①O1-53

中国版本图书馆 CIP 数据核字(2022)第 222890 号

SHIHUN SHUXUEJIA DE CHENSI
HE'ERMAN WAI'ER LUN SHUXUE WENHUA

大连理工大学出版社出版

地址:大连市软件园路 80 号　邮政编码:116023
发行:0411-84708842　邮购:0411-84708943　传真:0411-84701466
E-mail:dutp@dutp.cn　URL:https://www.dutp.cn

辽宁新华印务有限公司印刷　　大连理工大学出版社发行

幅面尺寸:147mm×210mm　插页:2　印张:9.875　字数:195 千字
2023 年 1 月第 1 版　　2023 年 1 月第 1 次印刷

责任编辑:王　伟　　责任校对:李宏艳
封面设计:冀贵收

ISBN 978-7-5685-3989-0　　定　价:69.00 元

本书如有印装质量问题,请与我社发行部联系更换。

合辑前言

"数学家思想文库"第一辑出版于2009年,2021年完成第二辑。现在出版社决定将一、二辑合璧精装推出,十位富有代表性的现代数学家汇聚一堂,讲述数学的本质、数学的意义与价值,传授数学创新的方法与精神……大师心得,原汁原味。关于编辑出版"数学家思想文库"的宗旨与意义,笔者在第一、二辑总序"读读大师,走近数学"中已做了详细论说,这里不再复述。

当前,我们的国家正在向第二个百年奋斗目标奋进。在以创新驱动的中华民族伟大复兴中,传播普及科学文化,提高全民科学素质,具有重大战略意义。我们衷心希望,"数学家思想文库"合辑的出版,能够在传播数学文化、弘扬科学精神的现代化事业中继续放射光和热。

合辑除了进行必要的文字修订外,对每集都增配了相关数学家活动的图片,个别集还增加了可读性较强的附录,使严肃的数学文库增添了生动活泼的气息。

从第一辑初版到现在的合辑,经历了十余年的光阴。其间有编译者的辛勤付出,有出版社的锲而不舍,更有广大读者的支持斧正。面对着眼前即将面世的十册合辑清样,笔者与编辑共生欣慰与感慨,同时也觉得意犹未尽,我们将继续耕耘!

李文林

2022年11月于北京中关村

读读大师　走近数学

——“数学家思想文库”总序

数学思想是数学家的灵魂

数学思想是数学家的灵魂。试想：离开公理化思想，何谈欧几里得、希尔伯特？没有数形结合思想，笛卡儿焉在？没有数学结构思想，怎论布尔巴基学派？……

数学家的数学思想当然首先体现在他们的创新性数学研究之中，包括他们提出的新概念、新理论、新方法。牛顿、莱布尼茨的微积分思想，高斯、波约、罗巴切夫斯基的非欧几何思想，伽罗瓦“群”的概念，哥德尔不完全性定理与图灵机，纳什均衡理论，等等，汇成了波澜壮阔的数学思想海洋，构成了人类思想史上不可磨灭的篇章。

数学家们的数学观也属于数学思想的范畴，这包括他们对数学的本质、特点、意义和价值的认识，对数学知识来源及其与人类其他知识领域的关系的看法，以及科学方法论方面的见解，等等。当然，在这些问题上，古往今来数学家们的意见是很不相同，有时甚至是对立的。但正是这些不同的声音，合成了理性思维的交响乐。

正如人们通过绘画或乐曲来认识和鉴赏画家或作曲家一样，数学家的数学思想无疑是人们了解数学家和评价数学家的主要依据，也是数学家贡献于人类和人们要向数学家求知的主要内容。在这个意义上我们可以说：

“数学家思，故数学家在。”

数学思想的社会意义

数学思想是不是只有数学家才需要具备呢？当然不是。数学是自然科学、技术科学与人文社会科学的基础，这一点已越来越成为当今社会的共识。数学的这种基础地位，首先是由于它作为科学的语言和工具而在人类几乎一切知识领域获得日益广泛的应用，但更重要的恐怕还在于数学对于人类社会的文化功能，即培养发展人的思维能力，特别是精密思维能力。一个人不管将来从事何种职业，思维能力都可以说是无形的资本，而数学恰恰是锻炼这种思维能力的“体操”。这正是为什么数学会成为每个受教育的人一生中需要学习时间最长的学科之一。这并不是说我们在学校中学习过的每一个具体的数学知识点都会在日后的生活与工作中派上用处，数学对一个人终身发展的影响主要在于思维方式。以欧几里得几何为例，我们在学校里学过的大多数几何定理日后大概很少直接有用甚或基本不用，但欧氏几何严格的演绎思想和推理方法却在造就各行各业的精英人才方面有着毋庸否定的意义。事实上,从牛顿的《自然哲学的数学原理》到爱因斯坦的相对论著作,从法国大革命的《人权宣言》到马克思的《资本论》,乃至现代诺贝尔经济学奖得主们的论著中,我们都不难看到欧几里得的身影。另一方面,数学的定量化思想更是以空前的广度与深度向人类几乎所有的知识领域渗透。数学,从严密的论证到精确的计算,为人类提供了精密思维的典范。

一个戏剧性的例子是在现代计算机设计中扮演关键角色的“程序内存”概念或“程序自动化”思想。我们知道,第一台电子计算机(ENIAC)在制成之初,由于计算速度的提高与人工编制程序的迟缓之间的尖锐矛盾而濒于夭折。在这一关键时刻,恰恰是数学家冯·诺依曼提出的“程序内存”概念拯救了人类这一伟大的技术发明。直到今天,计算机设计的基本原理仍然遵循着冯·诺依曼的主要思想。冯·诺依曼因此被尊为“计算机之父”(虽然现在知道他并不是历史上提出此种想法的唯一数学家)。像“程序内存”这样似乎并非“数学”的概念,却要等待数学家并且是冯·诺依曼这样的大数学家的头脑来创造,这难道不耐人寻味吗?

因此,我们可以说,数学家的数学思想是全社会的财富。数学的传播与普及,除了具体数学知识的传播与普及,更实质性的是数学思想的传播与普及。在科学技术日益数学化的今天,这已越来越成为一种社会需要了。试设想:如果越来越多的公民能够或多或少地运用数学的思维方式来思考和处理问题,那将会是怎样一幅社会进步的前景啊!

读读大师　走近数学

数学是数与形的艺术,数学家们的创造性思维是鲜活的,既不会墨守成规,也不可能作为被生搬硬套的教条。了解数学家的数学思想当然可以通过不同的途径,而阅读数学家特别是数学大师的原始著述大概是最直接、可靠和富有成效的做法。

数学家们的著述大体有两类。大量的当然是他们论述自己的数学理论与方法的专著。对于致力于真正原创性研究的数学工作者来说,那些数学大师的原创性著作无疑是最生动的教材。拉普拉斯就常常对年轻人说:“读读欧拉,读读欧拉,他是我们所有人的老师。”拉普拉斯这里所说的“所有人”,恐怕主要是指专业的数学家和力学家,一般人很难问津。

数学家们另一类著述则面向更为广泛的读者,有的就是直接面向公众的。这些著述包括数学家们数学观的论说与阐释(用哈代的话说就是“关于数学”的论述),也包括对数学知识和他们自己的数学创造的通俗介绍。这类著述与“板起面孔讲数学”的专著不同,具有较大的可读性,易于为公众接受,其中不乏脍炙人口的名篇佳作。有意思的是,一些数学大师往往也是语言大师,如果把写作看作语言的艺术,他们的这些作品正体现了数学与艺术的统一。阅读这些名篇佳作，不啻是一种艺术享受，人们在享受之际认识数学，了解数学，接受数学思想的熏陶，感受数学文化的魅力。这正是我们编译出版这套“数学家思想文库”的目的所在。

“数学家思想文库”选择国外近现代数学史上一些著名数学家论述数学的代表性作品，专人专集，陆续编译，分辑出版，以飨读者。第一辑编译的是 D. 希尔伯特（D. Hilbert，1862—1943）、G. 哈代（G. Hardy，1877—1947）、J. 冯·诺依曼（J. von Neumann，1903—1957）、布尔巴基（Bourbaki，1935— ）、M. F. 阿蒂亚（M. F. Atiyah，1929—2019）等 20 世纪数学大师的文集（其中哈代、布尔巴基与阿蒂亚的文集属再版）。第一辑出版后获得了广大读者的欢迎，多次重印。受此鼓舞，我们续编了“数学家思想文库”第二辑。第二辑选编了 F. 克莱因（F. Klein，1849—1925）、H. 外尔（H. Weyl，1885—1955）、A. N. 柯尔莫戈洛夫（A. N. Kolmogorov，1903—1987）、华罗庚（1910—1985）、陈省身（1911—2004）等数学巨匠的著述。这些文集中的作品大都短小精练，魅力四射，充满科学的真知灼见，在国内外流传颇广。相对而言，这些作品可以说是数学思想海洋中的珍奇贝壳、数学百花园中的美丽花束。

我们并不奢望这样一些“贝壳”和“花束”能够扭转功利的时潮，但我们相信爱因斯坦在纪念牛顿时所说的话：

“理解力的产品要比喧嚷纷扰的世代经久，它能经历好多个世纪而继续发出光和热。”

我们衷心希望本套丛书所选编的数学大师们“理解力的产品”能够在传播数学思想、弘扬科学文化的现代化事业中放射光和热。

读读大师，走近数学，所有的人都会开卷受益。

李文林

（中科院数学与系统科学研究院研究员）

2021 年 7 月于北京中关村

编者的话

赫尔曼·外尔(Hermann Weyl),1885年11月9日生于德国的埃尔姆斯霍恩(Elmshorn),银行董事路德维希·外尔(Ludwig Weyl)和安娜·外尔-迪克(Anna Weyl-Dieck)之子;1895—1904年就读于阿尔托纳(Altona)的预科学校,通过了毕业考试;1904年进入格丁根大学;1908年在大卫·希尔伯特(David Hilbert)的指导下完成博士论文,并成为无薪讲师;1913年与海伦娜·约瑟夫[Helene Joseph,即赫拉(Hella)]结婚;同年,在苏黎世联邦理工学院被推选为教授;生有两子:弗里茨·约阿希姆(Fritz Joachim)和米夏埃尔(Michael);1930年被推选为格丁根大学教授,成为大卫·希尔伯特的继任者;1933年离开格丁根大学,赴美国新泽西州普林斯顿高等研究院任教授;海伦娜·外尔去世(1948)后,1950年与埃伦·巴尔夫人(原是苏黎世联邦理工学院理查德·巴尔教授的夫人,1940年巴尔去世后一直守寡)结婚;1955年12月8日卒于苏黎世。(译自《纪念赫尔曼·外尔诞辰百年演讲集》)

赫尔曼·外尔是20世纪最伟大的数学家之一。他在普林斯顿高等研究院的同事F. J. 戴森(F. J. Dyson)称:“外尔是20世纪在多个领域做出重大贡献的数学家,可以独自与19世纪的两个最伟大的全能数学家大卫·希尔伯特和亨利·庞加莱(Henri Poincaré)媲美。他在世时一直在纯数学和理论物理发展的主流之间建立生动的联系。”戴森还回忆道:“外尔的特点是具有对美的鉴赏力,这决定着他对一切问题的思考。有一次他半开玩笑地对我说:‘我的工作常把真实和美统一起来;但当我不得不在这两者中选择时,我通常选择美。’此话完美地概括了他的个性,表明他对自然界终极的美有着深刻的信念,那么自然界中的规律必然地应该用数学上美丽的形式表达出来。这也体现了他的幽默,以及承认人类确有弱点,后者常使他不至于自负。”

外尔的著作颇丰。他的《论文全集》(四卷本,1968年出版)共收集了167篇论文;他出版过17部书,还写过不少讲义。

本书编译出他的12篇文章,主要反映他对数学发展、数学方法、数学与物理和自然的联系、数学家和学术机构的作用、数学与哲学等方面问题的深刻见解。如果把研究数学、传播数学和使用数学看成人类的一种活动,那么这些主题无疑都是数学文化中最需要关心的课题。“半个世纪的数学”总结了20世纪上半叶数学的发展;“数学中公理方法与构造方法之我见”“数学的思维方式”“拓扑和抽象代数:理解数学的两种途径”具体地分析了数学中最重要的公理方法和构造方法;“《空间—时间—物质》一书的导言”“数学与自然定律”“几何学与物理学”“对称”深刻而生动地阐述了数学与物理和自然的联系;“亨利·庞加莱”“大卫·希尔伯特”是他为两位伟大的数学家写的讣告,反映了他是如何评价数学家的作用的;“德国的大学和科学”是一篇难得的由大数学家撰写的有关学术机构的文章,从中可以看到良好的学术环境对学术发展的作用;“知识的统一性”是本书中最难读的一篇,因为它讨论的是与认识论哲学有关的深奥问题,正如外尔在文中所坦陈的,不能期待这类哲学味儿的报告能把问题讲得清清楚楚,因为很多问题还没有最终的结论。

我们特意选了两篇文章作为本书的附录:一篇是菲尔兹奖得主小平邦彦回忆外尔的文章“赫尔曼·外尔先生”,另一篇是外尔的儿子米夏埃尔·外尔的“心蕴诗魂的数学家与父亲”。读者会从中更好地了解外尔的为人,从而加深对其思想的理解。

本书中有几篇译文在《数学译林》杂志和《数学史译文集·续集》中刊出过,此次又经译者重新校订后发表。我们对所有译者、校者和相关杂志社表示衷心的感谢。

袁向东

目　录

半个世纪的数学[①]

1. 导论　公理论

除了天文学以外，数学是所有科学中最古老的一门学科。如果不去追溯自古希腊以来各个时代所发现与发展起来的概念、方法和结果，我们就不能理解前五十年数学的目标，也不能理解它的成就。数学曾被称为无穷的科学；的确，数学家发明了有限的构造方法来判定那些其本性涉及无穷的问题。这正是数学的光荣所在。基尔凯郭尔[②]有一次说过，宗教讨论的是那些无条件关涉人的问题。与此对比之下（也具有同样的夸张），我们可以说，数学所讨论的事物是完全不牵涉人的。数学有着星光那种非人的特性，明亮清晰但却冷漠。但是，这似乎是造物的嘲弄，对于离开他的存在中心越远的事物，人的心智就越能更好地处理它。因此，对于那些与人最不相干的知识，像数学知识，特别是

---

① 原题：A half-entury of mathematics。译自：American Mathematical Monthly，1951，58(8)：523-553。——译注

② 基尔凯郭尔（1813—1855），丹麦哲学家，公认为存在主义哲学的创始人。——译注

数论知识,我们是最聪明的。没有任何其他科学,在错综复杂性及多样性方面,能和像代数类域这样的数学理论相提并论,甚至粗略地比一下都比不上。从 19 世纪末到 20 世纪初的转折关头起,物理学的发展就好像冲向一个方向的洪流,而数学则类似尼罗河三角洲,它的水流分散到所有方向。由于数学有长期的历史,具有彼岸性、机巧性和多样性,考虑到所有这些,要想对于上半世纪中数学家的工作做出不那么深奥的叙述,那也几乎是毫无希望完成的任务。我只是试着在这里首先用多少有点模糊的词句来描述一般的发展趋势,然后用更确切一些的语言来解释这个时期中所想出的最突出的数学观念,并列举一些已解决的较为重要的问题。

20 世纪的数学的一个十分突出的方面是公理化方法所起的作用极度增长。以前公理方法仅仅用来阐明我们所建立的理论的基础,而现在它却成为具体数学研究的工具。它或许在代数中取得了最大的成功。以实数系为例,它正如两面门神的头一样面朝着两个方向:一方面它是具有加法和乘法的代数运算的域;另一方面,它是连续流形,其中各个部分彼此连结得如此紧密以致不能够彼此截然分开。一面是数的代数面貌,另一面是数的拓扑面貌。近代公理论,它是如此单纯(与近代政治完全不同),不喜欢像战争与和平这类暧昧不清的混合物,因此把两个方面彼此分得一清二楚。

要想理解复杂的数学状况,把所讨论的主题的各个方面很自然地区别开来,常常是很方便的,这就使每一个方面都可以通过较为集中、易于综观的一组概念以及用这些概念所表述的事实来了解,最后又可以把具有本身特性的部分结果联系在一起而回到整体。最后这个综合的做法完全是机械的。技艺完全在于头一个分析的做法——适当的区分及推广。几十年来,我们的数学沉迷于推广和形式化。但是,如果把它仅仅当作是为推广而推广,那就误解了这种趋势。推广的真正目的是单纯性,任何自然的推广使问题简化,因为它减少我们必须考虑的假定。要讲清楚什么构成自然的区分和推广,并非易事。对此,最后只有成果是它的判断标准,成功决定一切。遵照这种步骤,个别的研究者就由多多少少明显的类同,以及通过以前研究经验的积累而获得的对本质的直观洞察力所指引。把这种步骤系统化,就直接导致公理论。这时,我们谈到的基本概念和事实就变成为未下定义的名词以及涉及这些名词的公理。由这些假设的公理出发演绎出来的一批命题现在就供我们使用,不仅对于那些我们从中抽象出来这些概念和公理的实例可以用,而且只要我们发现基本名词的一种解释,根据这种解释可以使公理变成为真命题,那么对这种情形也可以用。经常可以碰到多种这样的解释,而它们的题材却完全不相同。

公理方法常常揭示表面上相差很远的领域之间的内在关系,并使得它们的方法能够统一化。这种把几个数学分支结合起来的趋势是我们这门科学近代发展的又一突出特征,这种趋势与表面上相反的公理化趋势并肩前进。这就好像你使一个人脱离开他原来生活的社会环境,他生活在这种环境中并不是因为这种环境适合他生活,而是由于根深蒂固的习惯和偏见,这样使得他获得自由之后,让他形成更加适合他真正的内在天性的社会关系。

在强调公理方法的重要性时,我并不希望把它过分夸大。如果数学家不发明新的构造方法,那就不会走多远。这样说或许是合适的:近代数学的威力在于公理论和构造的相互作用。我们举代数学作为有代表性的例子。只是在 20 世纪,代数学才和用来构成所有数学运算和物理测量的基础的一种通用的数系 Ω 一刀两断而回到代数学自身。代数学在它新获得的自由中,面对着无穷多个各种各样的"数域",其中每一个都可以当作运算的基础,用不着使它们嵌入到一数系 Ω 中去。公理限制数的概念的可能性,构造方法产生出适合公理的数域。

这样就使代数脱离它以前的主人——分析而独立,而且在某些分支中甚至起着决定性的作用。数学的这种发展在某种程度上平行于物理学的发展,因为量子物理学对于每种物理结构指定其自身可观测量的系统与它对应。这些量可以进行加法和乘法运算。但是,由于它们的乘法是非交换的,它们肯定不能归结成通常的数。

在1900年巴黎举行的国际数学家大会上,大卫·希尔伯特使大家相信问题是科学的生命源泉,他提出23个尚未解决的问题,希望能在下一世纪的数学发展中起着重要的作用。他对于数学的未来的预言比起任何政治家对于新世纪所滥施于人类的战争与恐怖的赠品的预见真不知高明多少!我们数学家经常通过检验当时希尔伯特问题的解决程度来衡量我们的进步。本来我很想用他的问题表作为这里要做的综述的引导,我不这样做是因为那样做就必须解释过多的细节。然而,我还是不得不请读者要有足够的耐心看下去。

第一部分 代数学、数论、群

2.环、域、理想

的确,在这里,如果不通过一些最简单的代数概念来阐明公理方法,似乎就不能再讲下去了。其中一些概念就像万物起源一样古老。因为还有什么比我们用来数数的自然数列1,2,3,…更古老呢?其中两个数 a、b 可以相加和相乘($a+b$ 和 $a \cdot b$)。在数的形成过程中的第二步是把负整数和零加到这些正整数中去;在这样得出的更大的数系中,加法运算允许唯一的逆运算——减法。人们并没有就此停步:整数的演变中又被吸收到范围更加扩大的有理数(分数)当中去。由此,乘法的逆运算——除法也可以施行，但是有一个突出的例外，就是不能被零除。（因为对于任何有理数 b 都有 $b\cdot 0=0$，所以没有 0 的逆元 b，使得 $b\cdot 0=1$。）现在我以下面公理表的形式来表述运算"加"和"乘"的基本事实：

表 T

(1)加法交换律和加法结合律：

$$a+b=b+a;\quad a+(b+c)=(a+b)+c$$

(2)乘法交换律和乘法结合律。

(3)联系加法和乘法的分配律：

$$c(a+b)=(c\cdot a)+(c\cdot b)$$

(4)减法的公理：

(4_1)存在一个元素 o(0,"零")使得对于任何 a，有

$$a+o=o+a=a$$

(4_2)对于任何 a，存在一个数 $-a$，使得

$$a+(-a)=(-a)+a=o$$

(5)除法的公理：

(5_1)存在一个元素 e(1,"幺")使得对于任何 a，有

$$a\cdot e=e\cdot a=a$$

(5_2)对于任何 $a\neq 0$，存在一个数 a^{-1}，使得

$$a\cdot a^{-1}=a^{-1}\cdot a=e$$

我们可以分别通过(4_2)及(5_2)引进差 $b-a$ 和商 $\frac{b}{a}$，分别把它们定义为 $b+(-a)$ 和 $b\cdot a^{-1}$。

当希腊人发现一正方形的对角线及其边的比($\sqrt{2}$)不能被有理数度量时,于是要求进一步扩张数的概念。可是,所有连续的量只可能近似地量度,总有某种程度的误差。因此,有理数,甚至有限位十进小数可以而且确实用来达到测定的目的,只要把它们解释为近似值,并且近似数的演算似乎对于所有度量科学都是适合的数值工具。但是数学应当为测量的任何下一步精密化做准备。因此,比如讨论电现象时,我们就会乐于把实验物理学家以越来越大的精确性测定出的电子电荷 e 的近似值考虑为一个确定的精确值 e 的逼近。因此,从柏拉图时代到 19 世纪末的两千多年里,数学家造出一种精确的数的概念——实数的概念,这是自然科学中所有理论的基础。但是这个概念所涉及的逻辑问题甚至到现在也不能说已经完全阐明和解决。有理数只不过是实数的一小部分。实数也满足有理数的上述公理,但是实数系具有某种完备性,这是有理数所没有的。正是这种性质——它的"拓扑"性质,是无穷和之类的运算以及所有连续性的论证的基础。我们以后还要回来讨论这个性质。

最后,在文艺复兴时期引进了复数。复数本质上就是实数 x,y 所成的对 $z=(x,y)$,对于这些数对也可以定义加法和乘法,使得所有公理成立。根据这些定义,$e=(1,0)$ 成为幺元,而 $i=(0,1)$ 满足方程 $i\cdot i=-e$。数对 z 的两个分量 x,y 称为它的实部和虚部,通常把 z 写作 $xe+yi$ 的形式或简记做

$x+yi$。复数的有用性是基于下列事实:每一个(实系数,甚至复系数)代数方程都在复数域中可解。单复变量解析函数是一个特别丰富而谐和的理论的主题,它是19世纪古典分析的展览品。

一些元素的一个集合,如果其中能够定义运算 $a+b$ 和 $a\cdot b$并满足公理(1)~(4),则称为环;假如它还满足公理(5),就称为域。因此,通常的整数构成一个环 I,有理数构成一个域 ω;实数和复数也构成域(域 Ω 和域 Ω^*)。但是,环或域绝不只是这些。系数 a_i 取自给定的环 R(例如整数环 I,或域 ω)的所有可能次数为 h 的多项式

$$f=f(x)=a_0+a_1x+a_2x^2+\cdots+a_hx^h \tag{1}$$

构成一个环 $R[x]$,称为"R 上的多项式"。这里的变元或不定元 x 可以看成一个无意义的记号,实际上,多项式只不过是它的系数序列 $a_0,a_1,a_2,\cdots$。但是按照习惯的方式(1)来记多项式就提示了多项式的加法和乘法规则,在这里我们就不打算重复了。用 R 或环 P(它包含 R 作为它的子环)的一个确定元素("数")r 代入变元 x,我们就把 $R[x]$的元素 f 投射到 P 的元素 α 上,$f\to\alpha$:多项式 $f=f(x)$变成数 $\alpha=f(r)$。这个映射 $f\to\alpha$ 是同态的,即它保持加法和乘法。事实上,假如用 r 代入 x 使得多项式 f 变到 α,多项式 g 变到 β,则它分别把 $f+g$,$f\cdot g$ 变到 $\alpha+\beta$,$\alpha\cdot\beta$。

假如一个环中两个元素的乘积不等于零,除非其中一个

因子是零，我们就称这环是无零因子的。到现在为止我们所讨论的环都是无零因子环。域总是无零因子环。从整数构造分数的方法能够用来证明：任何具有幺元的无零因子环 R 都可以嵌入到一个域 k——商域中，使得 k 中一个元素是 R 中两个元素 a 和 b 的商 a/b，其中第二个元素（分母）不等于零。

我们用自然数 $n=1,2,3,\cdots$ 把 $a,a+a,a+a+a,\cdots$ 记作 $1a,2a,3a,\cdots$，把它们作为一个环或一个域的元素 a 的倍元。假设环包含幺元 e。可能出现 e 的某一个倍元 ne 等于零的情形；由此立即可以推出：对于环中每一个元素 a，有 $na=0$。假如环没有零因子，特别当它是域，且 p 是使 $pe=0$ 的最小自然数时，则 p 必定是像 2 或 3 或 5 或 7 或 11……这样的素数。这样我们就区分开素特征 p 的域和特征 0 的域（其中 e 的任何倍元均不等于零）。

在一条直线上把整数 $\cdots,-2,-1,0,1,2,\cdots$ 标记为等距离的点。设 n 为 $\geqslant 2$ 的自然数，并在周长为 n 的轮子上绕上这条直线。那么，若任何两点 a,a' 重合，则它们的差 $a-a'$ 被 n 除尽。[数学家把它记成 $a\equiv a'(\mathrm{mod}\ n)$，读作对于模 n，a 同余于 a'。]通过把整数环 I 的元素这样恒等化之后，I 就变到只含有 n 个元素（也就是轮子上的点）的环 I_n，其元素我们可以取作"余数"$0,1,\cdots,n-1$。事实上，互相同余的数在加法和乘法之下仍得出互相同余的得数：$a\equiv a',b\equiv b'(\mathrm{mod}\ n)$ 蕴

涵 $a+b\equiv a'+b'$，$a\cdot b\equiv a'\cdot b'(\mathrm{mod}\ n)$。例如，以 12 为模，我们有 $7+8=3$，$5\cdot 8=4$，因为 15 除以 12 余 3，40 除以 12 余 4。环 I_{12} 就不是无零因子环，因为 3 和 4 都不能被 12 整除，但是 $3\cdot 4$ 却能被 12 整除。可是，假如 p 是一个素(自然)数，则 I_p 是无零因子的，它甚至是一个域；因为正如古希腊人通过巧妙的方法(欧几里得算法)证明的那样，对于任何不被 p 整除的整数 a，都存在一个整数 a'，使得 $a\cdot a'\equiv 1(\mathrm{mod}\ p)$。这个欧几里得定理是整个数论的基础。这个例子表明，对于给定的素数 p，存在特征为 p 的域。

在任何环中，我们可以引进可逆元和素元的概念如下。环中元素 a 称为可逆元，如果它在环中有一个逆元 a'，使得 $a'\cdot a=e$。元素 a 称为复合元，如果它可以分解成两个因子 $a_1\cdot a_2$，这两个因子都不是可逆元。即不是可逆元又不是复合元的元素称为素元。I 的可逆元是数 $+1$ 和 -1。域 k 上的多项式环 $k[x]$ 的可逆元是 k 的非零元素(零次多项式)。根据希腊人的关于 $\sqrt{2}$ 是无理数的发现，多项式 x^2-2 是环 $\omega[x]$ 中的素元，但是当然它不是 $\Omega[x]$ 中的素元，因为在 $\omega[x]$ 中，x^2-2 可以分解成两个线性因子 $(x-\sqrt{2})(x+\sqrt{2})$。对于任何域 k 上的单变元 x 的多项式 $f(x)$，也能应用欧几里得算法。从而它们满足欧几里得定理：在环 $k[x]$ 中给定一个素元 $P=P(x)$，就存在 k 上的另外一个多项式 $f'(x)$，使得 $\{f(x)\cdot f'(x)\}-1$ 被 $P(x)$ 整除。$k[x]$ 中任何两个元素 f 和 g，如果

它们的差被 P 整除,就把 f 和 g 看成恒等,这就把环 $k[x]$变成一个域,"$k[x]$模 P 的剩余类域 K"。例子:$\omega[x]\bmod x^2-2$。(顺便提一下,复数可以描写为 $\Omega[x]\bmod x^2+1$ 剩余类域的元素。)非常奇怪的是,对于两个变元 x,y 的多项式,欧几里得基本定理不成立。例如,$P(x,y)=x-y$ 是 $\omega[x,y]$中的一个素元,而 $f(x,y)=x$ 是不能被 $P(x,y)$整除的元素。但是,不可能有同余式

$$x\cdot f'(x,y)\equiv 1 \pmod{x-y}$$

成立。事实上,由此同余式就会推出 $-1+x\cdot f'(x,x)=0$,这和一个未定元的多项式

$$-1+x\cdot f'(x,x)=-1+c_1x+c_2x^2+\cdots$$

不等于零相矛盾。因此,环 $\omega[x,y]$不服从在 I 和$\omega[x]$中成立的简单规律。

我们现在考虑 K,即 $\omega[x]\bmod x^2-2$ 的剩余类域。因为对于 mod x^2-2 同余的任何两个多项式 $f(x)$,$f'(x)$,数 $f(\sqrt{2})$与数$f'(\sqrt{2})$相等,所以变换 $f(x)\to f(\sqrt{2})$把 K 映射到 Ω 的子域$\omega[\sqrt{2}]$中,其中 $\omega[\sqrt{2}]$由数 $a+b\sqrt{2}$组成,这里 a,b 是有理数。另外这样一种射影是 $f(x)\to f(-\sqrt{2})$。在以前,我们把 K 看成所有实数或所有复数的连续统Ω 或Ω^* 的一部分 $\omega[\sqrt{2}]$;现在我们希望把所有东西都嵌入到这种万有域 Ω 或Ω^* 中去,在 Ω 或Ω^* 中分析和物理学都可以起作用。但是

正如我们这里引进的方式所表现的那样，K 作为一个代数实体，其元素不是通常意义下的数。在构造它的过程中除了有理数之外无须其他的数。它和 Ω 根本没有关系，不应该把它和它到 Ω 中的两个射影中的这个或那个混在一起。更一般地说，如果 $P=P(x)$ 是 $\omega[x]$ 中任何素元，我们可以构成 $\omega[x]\bmod P$的剩余类域 K_P。的确，假如 δ 是方程 $P(x)=0$ 在Ω^* 中的任何实根或复根，则 $f(x)\to f(\delta)$ 定义一个由 K_P 到Ω^* 中的同态射影。但是，射影并非 K_P 本身。

让我们回到通常的整数…，$-2,-1,0,1,2$，…，它们构成一个环。5 的倍数，也就是能被 5 整除的整数，显然也构成一个环。这是没有幺元的环。但是，它还有另外的重要特点：不仅其中任意两个元素的乘积属于它，而且其中一个元素的所有整数倍数也属于它。对于这样一种集合，已经引进一个奇怪的名词——理想：给定一个环 R，一个 R 理想(a)是 R 的元素的一个集合，它满足：(1)(a)中任意两个元素的和与差仍属于(a)；(2)(a)中一个元素与 R 中任何元素的乘积也属于(a)。我们可以试着用被 a 整除的所有元素的集合来描述一个除子 a。我们肯定会期望这个集合是在刚刚定义的意义下的理想。给定一个理想(a)，可能并不存在 R 中一个真正的元素 a，使得(a)由 a 的所有倍元 $j=m\cdot a$ 组成(m 是 R 中任何元素)。如果存在的话，我们就称(a)表示一个"理想除子"a，"R 的元素 j 被 a 整除"这句话的意思简单来说就是：

“j 属于(a)”。通常整数环 I 中,所有除子都是真正的除子。

但是,并不是在每一个环中都是如此。三维欧几里得空间(笛卡儿坐标为 x, y, z)中的代数曲面由一个方程 $F(x,y,z)=0$ 来定义,其中 F 是 ${}^3\Omega=\Omega[x,y,z]$中的元素,也就是变元 x,y,z 的实系数多项式。在曲面上所有点,F 都等于零,但是这对于 F 的任何倍元 $L\cdot F$(L 是${}^3\Omega$ 中任何元素)也对,换言之,对于${}^3\Omega$ 中的理想,(F)中的每个多项式也对。一般来说,两个联立多项式方程

$$F_1(x,y,z)=0,\ F_2(x,y,z)=0$$

定义一条曲线,它是曲面 $F_1=0$ 和曲面 $F_2=0$ 的交集。多项式$(L_1\cdot F_1)+(L_2\cdot F_2)$(其中 L_1,L_2 是${}^3\Omega$ 中任意元素)构成一个理想(F_1,F_2),所有这些多项式在这条曲线上均等于零。这个理想一般来说就不对应于一个真正的除子,因为曲线不是曲面。像这种例子会使读者相信:代数流形(2 维、3 维或任意维的曲线、曲面、…)的研究实质上就等于多项式理想的研究。系数域也不一定是 Ω 或 Ω^*,也可以是更一般的域。

3.代数学和数论的一些成就

我希望,经过上面的讲述,我最终能够较为明白地指出 20 世纪代数学和数论的一些成就。最重要的成就或许是我们已经学会自由地处理那些抽象的公理概念,像域、环、理想等。像在 1930 年左右出版的范·德·瓦尔登的《近世代数》

这样的书,其中的调子完全不同于,比如说,1900年左右为《数学百科全书》所写的代数学方面的文章。更具体来说,已经发展出一般的理想理论,特别是多项式理想的理论。(但是,应该提到抽象代数学的伟大先行者——理查德·戴德金,他首先在数论中引进理想还是属于19世纪的事。)代数几何学,在1900年以前及其后不久,主要是在意大利繁荣起来,当时这门学科在数学的各个学科中表现非同一般:它有有力的方法,十分丰富的一般结果,但是其正确性却有点可疑。随着20世纪抽象代数方法的出现,所有这些都得以建立在可靠的基础上,整个学科得到了新的冲力。由于系数域可以取为 Ω^* 之外的域,这就开辟了一个新的领域。

在1900年之后不久,K. 亨泽尔在代数学和数论中引进一个新技术——p-adic 数。由此之后,它的重要性越来越大。亨泽尔通过和幂级数进行类比而造出这个工具。幂级数曾在黎曼和魏尔斯特拉斯关于单变量代数函数及其积分——阿贝尔(Abel)积分的理论中起着如此重要的作用。这个理论是上一世纪最突出的成就之一,其中幂级数的导数假定是在所有复数构成的域中变动。我不打算进行类比,我只是想通过一个典型的例子——二次范数来阐明 p-adic 数的思想。设 p 是一个素数,首先让我们约定对于有理数 a,b,模 p 的幂的同余式 $a \equiv b \pmod{p^h}$ 有下面的意义,即 $(a-b)/p^h$ 等于一个分数,其分母不能被 p 整除,例如:

$$\frac{39}{4}-\frac{12}{5}\equiv 0 \pmod{7^2}$$

因为

$$\frac{39}{4}-\frac{12}{5}=7^2\cdot\frac{3}{20}$$

现在设 a,b 为有理数，$a\neq 0$，b 不是一个有理数的平方。在二次域$\omega[\sqrt{b}]$中，数 a 称为一个范数，假如存在有理数 x,y，使得

$$a=(x+y\sqrt{b})(x-y\sqrt{b}) \quad \text{或} \quad a=x^2-by^2$$

这个方程的可解性的必要条件是对于每个素数 p 和 p 的每个幂 p^h，同余式 $a\equiv x^2-by^2 \pmod{p^h}$ 有一个解。这就是说这个方程有一个 p-adic 解的含义。并且必定存在有理数 x,y，使得 x^2-by^2 与 a 之差任意地小。这就是说这个方程有一个∞-adic 解的含义。只要 b 是正的，这后一条件显然对于任何 a 都满足；但是，如果 b 是负的，它只对正的 a 才满足。在前一种情形，任何 n 都是一个∞-adic 范数，在后一种情形，只有一半的 a，即正的 n 才是∞-adic 范数。对于 p-adic 范数也有类似的情况。可以证明，这些必要条件也是充分条件：如果 a 处处是一个局部范数，即对于每一个“有限素点 p”和“无限素点∞”，$a=x^2-py^2$ 都有一个 p-adic 解，则它就有一个“全局”解，即精确的有理数解 x,y。

这是我能想到的最简单的例子，它和二次型的种的理论有着密切联系，这个题目可以回溯到高斯的《算术研究》(*Disquisitiones arithmeticae*)，但是到20世纪通过 p-adic 技术做出了决定性的进展。导论中提到的数学中那个最迷人的分支——类域论也是典型的例子。1900年左右，大卫·希尔伯特曾表述关于类域的一系列互相联系的定理，并至少在一些特殊情形下证明了其中一些定理，而把其余的证明留给他20世纪的继承者，其中我要提到高木、阿廷和谢瓦莱。希尔伯特的范数剩余记号为阿廷的一般互反律铺平道路。在这方面希尔伯特也曾应用和 Ω^* 上的代数函数的黎曼-魏尔斯特拉斯理论的类比，但是，他所应用的精巧的、部分是超越的方法与简单得多的、对于函数证明是有效的方法并没有关系。通过 p-adic 技术，出现了方法上的接近，虽然，代数函数论和更精细的代数数论之间仍有相当大的差距。

亨泽尔及其后继者用非代数的、“拓扑的”概念——(“赋值”或)收敛来表示 p-adic 技术。无穷有理数列 $a_1, a_2, \cdots$ 称为收敛的，如果当 i 和 j 彼此独立地趋于无穷时，差 $a_i - a_j$ 趋于零，即 $a_i - a_j \to 0$；更明显地说是，如果对于每个正有理数 ε，存在一个正整数 N，使得对于所有 $i, j > N$，$-\varepsilon < a_i - a_j < \varepsilon$。实数系的完备性被表述为柯西的收敛性定理：对任一有理数的收敛序列 $a_1, a_2, \cdots$，存在一个实数 α，使得该序列收敛于 α，即当 $i \to \infty$ 时，$a_i - \alpha \to 0$。伴随这个 ∞-adic 收敛概念，我们现

在面对着由素数 p 诱导出的 p-adic 收敛概念。这时，我们认为序列收敛，如果对于每个指数 $h=1,2,3,\cdots$，存在一个正整数 N，使得当 i 和 $j>N$ 时，a_i-a_j 被 p^h 整除。正如引入实数使得有理数在∞-adic 意义下完备化一样，通过引入 p-adic 数，也可以使有理数系在p-adic意义下完备化。有理数被嵌入在所有实数的连续统中，同样也可以嵌入在所有 p-adic 数的连续统中。这些对应于有限或无限素点 p 的嵌入中的每一个，从算术观点来看都是同样有趣的。现在比以往更加明显地看到把代数数域与它到实数域 Ω 的一个同态射影等同起来是多么错误；除了(实)无限素点之外，还必须注意那些对应于域的各种素理想的有限素点。这是从早先的算术研究中得出的宝贵规则，使后来的算术研究非常富有成果；这是沟通近代数学中两个最迷人的分支——抽象代数学和拓扑学的一座桥梁(其他的桥梁将在以后指出)。

除了引进 p-adic 的技术以及类域论的进展之外，近五十年来数论中最重要的进展似乎是解析函数这种有力工具能够用来解决问题的那些领域。我提一下两个这样的研究领域：Ⅰ.素数分布和 ζ 函数，Ⅱ.堆垒数论。

Ⅰ.素数的概念当然和自然数的乘法概念一样古老，一样原始。因此，发现素数在所有自然数当中的分布具有这样极度不规则和近乎神秘的特性是极为令人惊奇的。总的来说，素数在数列中逐渐稀少，可是素数之间大的间隔往往后面又跟着靠得较紧的素数集。古老的哥德巴赫猜想断言：具有最小的差 2 的素数对，如 17 和 19，甚至不断地反复出现。可是，素数的分布至少服从相当简单的渐近规律：在由 1 到 n 之间的素数数目 $\pi(n)$ 渐近地等于 $\frac{n}{\log n}$。（这里 $\log n$ 不是我们的对数表上列出的布瑞格对数，而是由积分 $\int_1^n \frac{1}{x}\mathrm{d}x$ 定义的自然对数。）所谓渐近的意思是指：当 n 趋于无穷时，$\pi(n)$ 与渐近函数 $\frac{n}{\log n}$ 的商趋于 1。在古代，埃拉托色尼(Eratothenes)曾设计一种方法，可以把素数筛出来。在19 世纪俄国数学家切比雪夫(Chebysher)用这种筛法得到素数的分布的第一个不平凡的结果。黎曼使用一个不同的方法：他的工具是所谓 ζ 函数，这函数由无穷级数

$$\zeta(s)=1^{-s}+2^{-s}+3^{-s}+\cdots \tag{2}$$

来定义。其中 s 是一个复变数，对于实部大于 1 的所有 s 值($R_s>1$)，这个级数收敛。早在 18 世纪，欧拉已经把每个整数能够唯一分解成素因子乘积这个事实翻译成为等式

$$\frac{1}{\zeta(s)}=(1-2^{-s})(1-3^{-s})(1-5^{-s})\cdots$$

其中(无穷)乘积取遍所有素数 2，3，5，…。黎曼证明 ζ 函数能唯一地“解析开拓”到 s 的所有值，并证明它满足联系 $\zeta(s)$ 和 $\zeta(1-s)$ 的函数方程。对素数定理具有决定性意义的是 ζ

函数的零点，即使$\zeta(s)=0$的值 s。黎曼方程表明：除了在 $s=-2,-4,-6,\cdots$处的“平凡”零点之外，所有零点的实部都在 0 与 1 之间。黎曼猜想，它们的实部正好等于$\frac{1}{2}$。近一百年以来，他的猜想仍然是对数学的挑战。可是，在 19 世纪末，关于零点的知识足以使得数学家通过解析函数一些深刻的和新发现的定理，证明了上面提到的渐近规律。这被普遍认为是数学的伟大胜利。从 20 世纪初以来，黎曼的函数方程以及伴随的推论已经从有理函数域的“古典的”ζ 函数(2)推广到任意代数数域上。对于某些素特征的域，已经成功地证实黎曼猜想，但这并不能对古典黎曼猜想提供什么线索。关于古典黎曼 ζ 函数，我们现在知道在临界线 $R_s=\frac{1}{2}$上有无穷多个零点，甚至不知道至少有一个固定比例(比如说 10%)的零点在这条直线上。(这句话的意思是：虚部在任意固定限$-T$ 和$+T$之间的零点中，实部等于$\frac{1}{2}$的零点有某个百分比，且当 T 趋于无穷时，这个百分比不低于某一个正的极限，比如 10%。)最后，在大约两年以前，阿特勒 · 塞尔伯格(Atle Selberg)通过对于古老的埃拉托色尼筛法进行精巧的改进，给出素数定理一个“初等的”证明，这使得数学界大为惊讶。

Ⅱ. 长期以来已经知道任何自然数 n 可以表为最多四个平方数之和，例如，

$$7=2^2+1^2+1^2+1^2$$

$$87=9^2+2^2+1^2+1^2=7^2+5^2+3^2+2^2$$

对于立方,更一般对于任一 k 次幂($k=2,3,4,5,\cdots$),也提出了同样的问题。在 18 世纪,华林曾经猜想,任何非负整数 n 可以表示为有限多(M)个 k 次幂之和,

$$n=n_1^k+n_2^k+\cdots+n_M^k \tag{3}$$

其中 n_i 也是非负整数,M 不依赖于 n。20 世纪最初十年发生两件事:先是发现任何 n 都可以表为最多九个立方之和(并且证明,除了少数比较小的 n,甚至 8 个立方也够了);不久之后,希尔伯特证明了华林的一般定理。他的方法很快就被一种不同的方法所代替,这就是哈代(Hardy)-李特尔伍德(Littlewood)的圆法。这个方法基于某些单复变解析函数的使用,由它推出 n 表为(3)的形式的不同表法数的渐近公式。由于问题的性质要求特别小心,而且还要克服一些十分严重的障碍,后来这个结果推广到任意代数数域上,并且维诺格拉多夫(Vinogradov)在另外的方向上把圆法加以改进,证明了每一个充分大的 n 最多是 3 个素数之和。那么任何偶数是两个素数之和是否也成立呢?证明这事正如证明哥德巴赫猜想一样似乎超越我们当前的数学能力。素数仍然还是个难以捉摸的家伙。

最后应该谈一下关于来源于分析中的数的算术性质的研究。这种常数中最初等的一个数是 π,即半径为 1 的圆面

积。通过证明 π 是超越数(不满足有理系数代数方程),几千年来的古老的"化圆为方"问题终于在 1882 年得到否定的解决,也就是不能用圆规和直尺作圆而能化圆为方。一般来说证明数的超越性要比证明函数的超越性难得多。不难看出指数函数

$$e^{x}=1+\frac{x}{1}+\frac{x^{2}}{1\cdot 2}+\frac{x^{3}}{1\cdot 2\cdot 3}+\cdots$$

不是代数函数,但是证明其底 e 是超越数就十分困难。1930 年左右,C. L. 西格尔(Siegel)首先成功地发展出一种一般方法来试验数的超越性。但是这个领域的结果仍然是零星分散的。

4. 群、向量空间和代数

这结束了我们关于数论的报告,但并未结束关于代数的报告。现在,我们必须引进群的概念,这个概念从年轻的天才埃瓦里斯特 · 伽罗瓦在 1830 年开辟道路以来,已经扩散到整个数学当中。没有群就不可能理解近代数学。群首先是作为变换群出现的。变换可以作用在任何元素的集合上,不管是像从 1 到 10 的整数那样的有限集合还是像空间中的点那样的无穷集合。集合是一个前数学概念;当我们讨论某一范围的对象,集合是通过给出一个准则来定义的,这个准则就是对于这范围中的对象来判定它属于这个集合还是不属于这个集合。这样我们就可以谈到素数的集合,或圆周上所

有点的集合,或在一个给定坐标系中具有有理坐标的所有点的集合,或现在住在新泽西州的人的集合。两集合被认为相等,如果一个集合的每一个元素都属于另外一个集合,反过来另外一个集合的元素也属于这个集合。如果对于集合 σ 中每一个元素 a,存在集合 σ' 中一个元素 a' 与它对应,这就定义一个 σ 到 σ' 的映射 $S:a\to a'$。这里要求有一个规则,它对于 σ 中任意给定元素能够求出“像”a' 来。我们可以说一般映射的概念也具有前数学的特性。例如,一个实变量的实值函数是连续统 Ω 到自身的一个映射。空间的点到给定平面的垂直射影是空间到平面的一个映射。关于给定坐标系,把每个空间点用其三个坐标 x,y,z 表示,就是由空间到实数三元组 (x,y,z) 的连续统的映射。如果由 σ 到 σ' 的映射 $S:a\to a'$ 跟随着一个 σ' 到第三个集合 σ'' 的映射 $S':a'\to a''$,结果得到由 σ 到 σ'' 的映射 $SS':a\to a''$。两个集合 σ,σ' 之间的一对一映射是一对彼此互逆的映射:由 σ 到 σ' 的映射 $S:a\to a'$ 和由 σ' 到 σ 的映射 $S':a'\to a$。这就意味着 σ 到 σ 的映射 SS' 是 σ 的恒等映射 E,它把 σ 的每一元素 a 映到自身,且 $S'S$ 是 σ' 的恒等映射。特别令人感兴趣的是一个集合到自身的一对一映射,这种映射我们用变换这个词表示。置换无非就是有限集合的变换。

给定集合 σ 的变换 $S:a\to a'$ 的逆 S' 也是一个变换,通常记做 S^{-1}。σ 的任何两个变换 S 和 T 的合成 ST 也是一个变换，其逆是 $T^{-1}S^{-1}$。（按照穿衣和脱衣规则：假如穿衣时先穿衬衫，最后穿夹克衫，那么在脱衣时就必须先脱夹克衫，最后脱衬衫。两个“因子”S，T 的次序是重要的、根本的。）变换群是给定流形的变换的集合，其中：

（1）包含恒等变换 E；

（2）包含其中任何变换 S 的逆变换 S^{-1}；

（3）对于任何两个变换 S，T，包含它们的“乘积”ST。例如，我们可以定义空间中的全等图形为空间中的点集，它们可通过空间中的一个全等变换由一个变成另一个。空间的全等变换或“运动”构成一个群；这个命题，按照群的上述定义，等价于下面的三重命题：

（1）每一个图形全等于自身；

（2）如果图形 F 全等于 F'，则 F' 全等于 F；

（3）如果 F 全等于 F'，F' 全等于 F''，则 F 全等于 F''。这个例子立即阐明了群概念的内在意义。空间中一个图形 F 的对称性由使 F 变到自身的运动群来描述。

流形往往也有结构。例如，域的元素由加法和乘法两种运算联系起来；欧几里得空间中我们有图形的全等关系。因此，我们有了保持结构的映射的观念，称为同态。从而由域 k

到域k'的同态映射是由k的“数”a到k'的“数”a'的映射$a\to a'$,满足$(a+b)'=a'+b'$和$(a\cdot b)'=a'\cdot b'$。而空间到自身的同态映射就是使任何两个全等的图形变成两个相互全等的图形的映射。大家一致采用下列术语(对于懂一点希腊文的人有些启发性):同态又是一对一映射,则就称为同构,如果一个同态把流形σ映到自身就称为自同态;同构又是自同态,则称为自同构——它是σ到自身的一对一映射。同构的系统(任何两个系统彼此之间能同构地相互映射)具有相同的结构;事实上,对于一个系统的结构,没有什么不对另外的系统也同样成立。

有明确定义的结构的流形的自同构构成群。流形的两个子集,如果可以通过一个自同构互相变换,就应该称为等价。这就是莱布尼茨谈到两个这样的子集是“不可辨别的,当每个被单独考虑时”所暗示的思想,等价概念就是这种观念的精确化;他认识到这个一般的观念就是特殊的几何概念——相似的概念的基础。相对论的一般问题就在于求出自同构群。这里就是数学家在20世纪中学到的重要一课;每当你考虑带结构的流形时,就研究它的自同构群。还有它的逆问题也值得注意,这是菲利克斯·克莱因在他的著名的《埃尔朗根纲领》(1872)中所强调的:给定流形σ的变换群,决定对于这个群不变的那些关系和运算。

假如在研究变换群时,我们不管它由变换构成这个事实,而只考虑其中任何两个变换 S,T 得出合成 ST 的方式,那么我们就得到群的抽象合成法则。因此,抽象群是一些(具有未知的或者不相干的特性的)元素构成的集合,其中定义了由任何两个元素 s,t 生成一个元素 st 的合成运算,使得下列公理成立:

(1)存在一个单位元素 e,使得对任何 s,有 $es=se=s$。

(2)每一元素 s 均有一个逆元 s^{-1},满足 $ss^{-1}=s^{-1}s=e$。

(3)结合律 $(st)u=s(tu)$ 成立。

近代数学最令人惊异的经验或许就是从这样三条简单的公理出发可以得出多么丰富的推论。抽象群由给定流形 σ 上的变换的实现可以通过下面方式得出:对于群中每一个元素 s,对应 σ 的一个变换 s,$s\to S$,使得 $s\to S$,$t\to T$,蕴涵 $st\to ST$。一般来说,交换律 $st=ts$ 不一定成立。如果交换律成立,那么群就称为交换群或阿贝尔群(为纪念挪威数学家尼尔斯·亨里克·阿贝尔)。因为群元素的合成一般不满足交换律,在乘法不满足交换律这种较广的意义下,用“环”这个名词是非常方便的。(但是,在谈到域时,通常假设交换律成立。)

最简单的映射是线性映射。它们作用在线性空间上。在我们通常的三维空间中,向量是由点 A 指向点 B 的有向线段 AB。把向量 AB 看作等于 $A'B'$,假如存在一个平行移动

(平移)把 AB 移到 $A'B'$。在这个约定之下,我们就能够使向量相加,也能够用数(整数、有理数或者甚至实数)乘一个向量。加法也满足对于数成立的在表 T 中列举的同样的公理,也不难对数乘运算表述公理。这些公理就构成向量空间的一般公理概念。于是它就是一个代数概念而不是几何概念。作为向量的乘数的数可以是任何环中的元素;这种普遍性在把公理化的向量概念应用到拓扑学中是真正需要的。可是此处我们假定它们是域。于是立即看出,可以对每个向量空间对应一个自然数作为它的维数,其意义就是:存在 n 个向量 $e_1,\cdots,e_n$,使得每一个向量可以表为并且唯一地表为线性组合 $x_1e_1+\cdots+x_ne_n$,其中"坐标"x_i 是域中的确定的数。对于我们三维空间,n 等于 3,但是在力学和物理学中都有很多场合要用到 n 维向量空间这个一般的代数概念(n 比较大)。

向量空间的自同态称为它的线性映射;它们容许进行合成 ST(先施行映射 S,然后施行映射 T),也容许加法和乘以数 r 的乘法:假如 S 把任意向量 x 映到 xS,T 把 x 映到 xT,则 $S+T$,rS 是那些把 x 分别映到 $(xS)+(xT)$ 和 $r\cdot xS$ 的线性映射。我在这里就不描述如何在一组向量基 $e_1,\cdots,e_n$ 之下,把线性映射表示为数组成的方阵。

往往出现环同时也是向量空间的情形,这时就把它们称为代数,即它们有三种运算:两个元素的加法,两个元素的乘法,一个元素的数乘法。这些运算的定义满足反映特征的公理。n 维向量空间的线性映射本身构成这样的代数，称为（n 维）全阵代数。根据量子力学，物理系统的观测量构成一种特殊类型的代数，其乘法是非交换的。抽象代数学在物理学家的手中就这样成为打开原子奥秘的钥匙。用向量空间中的线性变换来实现抽象群称为群的表示。我们也可以说环的表示或者代数的表示：在每种情形下，表示都可以描述为群或环或代数到全阵代数（全阵代数本身的确又是群，又是环，又是代数，三种结构集于一身）的同态映射。

5. 结束语

我们已经花费了许多时间来阐明许多概念，现在我可以简单地列举由这些概念所提供的工具所做的一些重大成就。假如 g 是群 G 的一个子群，我们可以把 G 中模 g 同余的元素 s,t 看成同一（s,t 模 g 同余也就是 st^{-1} 属于 g）；g 称为"自共轭"子群，如果这个同一化方法使得 G 变成一个群——"因子群"G/g。伽罗瓦理论的群论核心就是 G. 若尔当（G. Jordan）和 O. 赫尔德（O. Hölder）的定理，这个定理是关于把给定的有限群 G 逐步分解成级 $G=G_0,G_1,G_2,\cdots$ 的各种方式，其中每个 G_i 都是前面一个群 G_{i-1} 的自共轭子群。这个定理断言：在这样分解的级数最少的假定之下，在一个这样的"合成列"中的各级（因子群）G_{i-1}/G_i（$i=1,2,\cdots$）同构于另一个这样的"合成列"中适当重新排列后的各级。这个定理本身就非常重要，但是它的证明所依据的论证方法或许更重要，通过这个论证方法可以证明我认为是全部数学中最基本的命题，也就是这样一个事实——假如你用两种方法去数有限多元素的集合，那么你在这两种情形下都会数到同一数 n 而告终。近来，若尔当-赫尔德定理得到更加自然而普遍的表述，这是由于：(1)去掉分解的级数是最少的假定，(2)只容许关于给定的 G 的自同态映射的集合不变的那些子群。这样一来，它就可以用于无限群(以及有限群)上，而且给相当多的重要的代数事实提供共同的特性。

群论中最系统的和最本质的部分——有限群的表示理论在 19 世纪将结束时由 G. 弗罗贝尼乌斯(G. Frobenius)所发展，它告诉我们只有几个不可约表示，而其余的表示都是它们的组合。1900 年之后，这个理论已大大简化，后来又得到推广，先是推广到具有紧致性这种拓扑性质的连续群，接着推广到所有的无限群上，只是对表示加以限制(所谓殆周期性)。这种推广已经超越了代数学的界限，我们还必须在分析的标题下讲几句表示论的问题。假如有限群的表示要考虑到特征为素数的域的情形，就会产生新的现象，由这种研究已经导出深刻的数论结果。不难把一个有限群嵌入到代数中去，因此关于群的表示的事实最好从被嵌入的代数的表示中导出来。在 20 世纪初，代数似乎是头习性捉摸不定的猛兽，但是，经五十年的研究之后，至少是半单的这类代数，已经变得相当驯顺；事实上，野性并不出现在这些超级结构上，而是出现在基础的交换的“数”域上。在19世纪，几何学似乎归结为群的不变量的研究；菲利克斯·克莱因在他的《埃尔朗根纲领》中清楚地表述了这种观点。但是当时不变量已经研究过的群实际上只是全线性群。现在我们越过了这个范围，不能再不考虑在代数学、分析、几何学和物理学中碰到的其他的连续群了。尤其是我们进而认识到不变量理论必须归入表示理论当中。某些无限的不连续群，像幺模群和模群，它们对于数论有着特别的重要性（高斯的二次型的类的理论可证明这点），对于它们的研究已经取得巨大的成功，得到深刻的结果。结晶体的宏观对称性和微观对称性可由不连续的运动群来描写；已经证明，在某种意义下，对于 n 维的这样的结晶体群只有有限多种可能性，这个事实在3维情形是很早就熟知的。19世纪，索弗斯·李（Sophus Lie）已经把连续群的研究归结成它的无穷小元素的“芽”的研究。这些元素构成一种代数，其中结合律为另一种类型的规律所取代。李代数是一个纯粹代数的结构，特别是作为乘子的数是取自由代数定义的域而不是取自实数连续统 Ω。这些李群给我们的代数学家提供了一个新的游戏场所。

数学心灵的构造既是自由的又是必然的。数学家个人在随心所欲地定义他的概念和建立他的公理时感到自由。但是问题在于，他是否能使他的同行对于他想象的产物感兴趣。我们不能不感到，通过数学家集体努力演变出来的某些数学结构带有必然性的印记，而不受它们的产生历史中的偶然事件所影响，任何人看到近世代数学的奇观都会被这种自由和必然的互补性深深打动！

第二部分 分析、拓扑学、几何学、基础论

6. 线性算子及其谱分解、希尔伯特空间

一个在稳定平衡状态的 n 个自由度的力学系统能够做与平衡状态偏离“无穷小”的振动。所有这些振动都是具有确定频率的 n 个“谐和”振动的叠加，这个事实不仅对物理而且对于音乐都有着重要意义。从数学上讲，决定谐和振动的问题就等于求出 n 维欧氏空间中的椭球的主轴。把这个空间中的向量 $\boldsymbol{x}$ 用坐标$(x_1, x_2, \cdots, x_n)$表示，我们必须解方程

$$\boldsymbol{x}-\lambda \cdot K\boldsymbol{x}=\boldsymbol{0}$$

其中 K 表示已知线性算子(＝线性映射)；λ 是谐和振动的未知频率 ν 的平方，而“特征向量”$\boldsymbol{x}$ 刻画其振幅。定义两个向量 $\boldsymbol{x}$ 和 $\boldsymbol{y}$ 的纯量积$(\boldsymbol{x}, \boldsymbol{y})$为和 $x_1y_1+\cdots+x_ny_n$。如在我们的“仿射”向量空间中，对任何向量 $\boldsymbol{x}$，指定长度 $\|\boldsymbol{x}\|$[由 $\|\boldsymbol{x}\|^2=(\boldsymbol{x}, \boldsymbol{x})$定义]与它对应，则它成为度量空间，这个度量是欧氏度量，我们在三维空间已非常熟悉，它由“毕达哥拉斯定理”集中体现出来。线性算子 K 在$(\boldsymbol{x}, K\boldsymbol{y})=(K\boldsymbol{x}, \boldsymbol{y})$的意义下是对称的。这里我们所运算的数域自然是实数域的连续统。要定出 n 个频率 ν 或者说相应的特征值 $\lambda=\nu^2$ 就要去解

n 次代数方程(常称为长期方程,因为它首先出现在行星系的长期微扰理论中)。

在物理学中比有限自由度的力学系统的振动更重要的是连续介质的振动,像一根弦、一张膜或者三维弹性体的机械声学振动以及“以太”的电磁光学振动。这里我们必须运算的向量是在一点 s 处的连续函数,它们具有在一个给定区域中变化的一个或几个坐标,从而 K 是一个线性积分算子。例如取长度为 1 的伸直的弦,其上的点由从 0 变到 1 的参数 s 来区别。这里 (x,x) 就是积分 $\int_0^1 x^2(s)\mathrm{d}s$, 谐和振动问题(首先古希腊人产生宇宙服从谐和数学规律的观念)表现为积分方程

$$x(s)-\lambda\int_0^1 K(s,t)x(t)\mathrm{d}t=0 \quad (0\leqslant s\leqslant 1) \qquad [1]$$

的形式,其中

$$K(s,t)=\left(\frac{a}{\pi}\right)^2\cdot\begin{cases} s(1-t) & \text{对于 } s\leqslant t \\ (1-s)t & \text{对于 } s>t \end{cases} \qquad [1']$$

a 是由弦的物理条件所决定的常数。方程的解为

$$\lambda=(na)^2,\ x(s)=\sin n\pi s$$

其中 n 可以取所有正整数值 1,2,3,…,弦的频率是一个基频的整数倍,这个事实是音乐和声的基本定律。假如你愿意用光学的语言来代替声学的语言,就可以说本征值 λ 的谱。

在19世纪就要终结时弗雷德霍姆发展了线性积分方程理论之后,希尔伯特在20世纪最初十年建立了一般对称线性算子 K 的谱理论。在20年前还需要数学上花最大的力气来证明一张膜的基频的存在,而这时在对振动介质做非常一般的假定条件之下,可以给出完全系列的调和振动及其特征频率的存在性的构造性证明。这在数学上和理论物理上都是产生重要结果的事件。其后不久用希尔伯特的方法就可以证明特征值分布的那些渐近规律,而这些规律是物理学家在用统计方法讨论辐射及弹性体的热力学中已经作为公设进行的。

希尔伯特观察到,在区间 $0 \leqslant s \leqslant 1$ 上定义的任意连续函数可以用它的傅里叶系数序列

$$x_n = \sqrt{2}\int_0^1 x(s) \cdot \sin n\pi s \mathrm{d}s, n = 1,2,3,\cdots$$

所代替。因此,以连续变量的函数 $x(s)$ 为元素的向量空间和以无穷数列 $(x_1, x_2, x_3, \cdots)$ 为元素的向量空间并没有内在的差别。"长度"的平方 $\int_0^1 x^2(s)\mathrm{d}s$ 等于 $x_1^2 + x_2^2 + x_3^2 + \cdots$。因为可以从有限和过渡到极限,无限和 $a_1 + a_2 + a_3 + \cdots$ 和积分 $\int_0^1 a(s)\mathrm{d}s$ 的两种形式之间也没有本质的区别。因而可以进行公理的表述。在(仿射)向量空间的公理之外,还添加任何两个向量 $(\boldsymbol{x}, \boldsymbol{y})$ 的纯量积 $(\boldsymbol{x}, \boldsymbol{y})$ 的存在性公理,这个纯量积是有

欧氏度量的特征性：$(\boldsymbol{x},\boldsymbol{y})$是数，线性地依赖于两个向量自变量$\boldsymbol{x}$、$\boldsymbol{y}$中的每一个；它是对称的，$(\boldsymbol{x},\boldsymbol{y})=(\boldsymbol{y},\boldsymbol{x})$；且$(\boldsymbol{x},\boldsymbol{x})=\|\boldsymbol{x}\|^2$是正的，除非$\boldsymbol{x}=\boldsymbol{0}$。有限维公理被更具有一般性的可数性的公理所取代。在这样的空间中所有运算都会极为便利，如果和实数系是完备的同样意义下也假定空间是完备的，即给定向量的一个"收敛"序列$\boldsymbol{x}',\boldsymbol{x}'',\cdots$，也就是说这序列当$m$和$n$趋于无穷时$\|\boldsymbol{x}^{(m)}-\boldsymbol{x}^{(n)}\|$趋于零，则存在一个向量$\boldsymbol{a}$，使这个序列收敛到$\boldsymbol{a}$，即当$n\to\infty$时，$\|\boldsymbol{x}^{(n)}-\boldsymbol{a}\|\to 0$。一个不完备的向量空间以使之成为完备的，其构造法就和有理数系完备化构成实数系一样。后来的作者就把满足这些公理的向量空间定名为"希尔伯特空间"。

希尔伯特本人开始讨论的只是以[1]为例的狭义的积分算子。但不久他就把他的谱理论推广到广泛得多的一类算子，即希尔伯特空间中的有界(对称)线性算子。线性算子的有界性要求存在一个常数M，使得对于所有具有有限长度$\|\boldsymbol{x}\|$的向量$\boldsymbol{x}$，有$\|K\boldsymbol{x}\|^2\leqslant M\|\boldsymbol{x}\|^2$。对于积分算子来说，这个限制的确十分不自然，因为恒等算子$\boldsymbol{x}\to\boldsymbol{x}$就不是这种类型的算子。可是发生了一件连最丰富的想象力都没能预见的事件，这类事件会诱使人相信在物理的自然界与数学头脑之间有着某种预定的平衡，这就是在希尔伯特研究量子力学20年之后得出：一个物理系统的可观测量由希尔伯特空间的线性对称算子来表示，且表示能量的算子的特征值和特征函

数就是该系统的能级及相应的定(量子)态。自然,这种量子物理学的解释使对这个理论的兴趣大大增加了,并且导致对它的更严格的研究,结果得到各式各样的简化和推广。

连续体的振动、经典物理学中的边值问题、量子物理学中能级问题并不是积分方程及其谱理论的应用的仅有的几项。还有另外一项有点孤立的应用是关于单复变量 z 的解析函数的黎曼单值化问题的解。这个问题是决定出 z 的 n 个解析函数,它们在沿着 z 平面上任意路径解析开拓时仍保持正则,只要这些路径不通过有限多个奇点,而当路径绕某一奇点一周时,这些函数就进行了一个给定的常系数线性变换。

另外一个惊人的应用是在紧致连续群的表示论中证明基本事实,特别是完备性关系。这种群中最简单的是圆周的旋转群,在这种情形下,表示论就是所谓傅里叶级数理论,它用谐和振动

$$\cos ns, \sin ns \quad (n=0,1,2,\cdots)$$

来表示周期为 2π 的任意周期函数 $f(s)$。在自然界中出现的函数常具有隐蔽的不可公度的周期。物理学家尼尔斯·玻尔(Niels Bohr)的弟弟、数学家哈罗德·玻尔(Harald Bohr)由他自己关于黎曼 ζ 函数的某些研究所推动,发展了这种概周期函数的一般数学理论。我们可以把这种理论描述为我们能想象到的最简单的连续群即直线的所有平移构成的群

的概周期表示理论。他的主要结果可以推广到任意群上面去。对于群，我们不加任何限制，但是所研究的表示假设是概周期的。对于一个函数 $x(s)$，其自变量取遍群的元素，其函数值取实数或复数，概周期性就等于要求该群在由函数诱导的某种拓扑之下是紧致的。以这种相对紧致性来代替绝对紧致性就已足够了。甚至这样的限制也是很强的。的确，典型连续群的最重要的表示并不是概周期的。因此，这个理论还需要进一步推广，而在 20 世纪 40 年代一些美国和苏联数学家曾进行这方面的研究。

7. 勒贝格积分，测度论，遍历假设

在转向讨论希尔伯特空间的算子的其他应用之前，我们必须提到在 20 世纪初勒贝格(Lebesgue)对积分概念所给出的，很可能是最后确定的形式。我们用对所有维数通用的名词——测度来代替二维平面上(以 x,y 为坐标)的一块子集的面积以及三维欧氏空间的一块区域的体积。测度的概念和积分的概念相互联系。空间中任何区域，任何点集可以用它的特征函数 $x(P)$来描述，$x(P)$随着 P 属于或不属于这个集合而取值 1 或 0。点集的测度就等于这个特征函数的积分。在勒贝格之前，人们首先对连续函数定义积分，而测度概念是第二位的；它要求从连续函数转化为像 $x(P)$这样的不连续函数。勒贝格走的是相反的，可能是更加自然的路：对于他来说首先出现测度，其次出现积分。一维空间足以阐

明这点。考虑单实自变量 x 的实值函数 $y=f(x)$，它把区间 $0\leqslant x\leqslant 1$ 映到有限区间 $a\leqslant y\leqslant b$ 中。勒贝格不去把变量 x 的区间加以重分，而把因变量 y 的区间 (a,b) 重分为有限多个小的子区间 $a_i\leqslant y<a_{i+1}$，比如说每个区间的长度 $<\varepsilon$，然后决定 x 轴上集合 S_i 的测度 m_i，其中 S_i 的点是满足不等式 $a_i\leqslant f(x)<a_{i+1}$ 的点。积分在两个和 $\sum_i a_i m_i$ 与 $\sum_i a_{i+1} m_i$ 之间，它们之差小于 ε，因而可以计算到任意精确的程度。勒贝格在确定一个点集的测度——这是最本质的改进——时，他用无穷个区间的序列而不是有限个区间来覆盖这个集合。因此在勒贝格之前，在区间 $0\leqslant x\leqslant 1$ 上的有理数 x 的集合不能给定一个测度。但是这些有理数能够排列成可数序列 a_1，a_2，a_3，…，并且，在选取一个任意小的正数之后，我们可以用一个以 a_n 为中心，长度为 $\frac{\varepsilon}{2^n}$ 的区间来围住点 a_n。因此整个有理点的集合包含在一个区间序列之中，而这一系列的区间的全长为

$$\varepsilon\left(\frac{1}{2}+\frac{1}{2^2}+\frac{1}{2^3}+\cdots\right)=\varepsilon$$

按照勒贝格的定义，其测度因而小于(任意正的)ε，从而测度等于零。概率的概念与测度的概念有关系，因此，数理统计学家对于测度论深感兴趣。勒贝格的思想可以在几个方向上进行推广。在集合上可以施行的两个基本运算是：构成已知集合的交集和并集，因此集合可以看成是具有这两种运算

的“布尔代数”的元素，它的性质可以由一些公理所规定，这些公理就像加法和乘法的算术公理一样。因此，数学家和统计学家中具有较多公理思想的人所考虑的问题之一就是在抽象的布尔代数上引进测度。

在我们现在的讨论中，勒贝格积分是重要的，因为在区间 $0 \leqslant x \leqslant 1$ 上定义的实变量 x 的实值函数中，那些平方是勒贝格可积的函数构成一个完备的希尔伯特空间——如果两个函数 $f(x)$，$g(x)$看作相等的，假如 $f(x) \neq g(x)$的那些值 x 构成一个测度为零的集合(黎斯-菲谢尔定理)。

n 个自由度的力学系统的哈密顿(Hamilton)方程组，如果在 $t=0$ 时刻的状态 P 已给定，则它唯一决定的时刻 t 的状态为 tP。这就是力学中因果律的精确表述。所有可能的状态构成 $2n$ 维相空间的点集，且对于固定的 t 及任意的 P，变换 $P \rightarrow tP$ 是保测映射(t)。这些变换构成一个群：$(t_1)(t_2)=(t_1+t_2)$。对于一个给定的 P 和一个变动的 t，如果点 tP 在 $t=0$时处于状态 P 的话，则它描画出这个系统相继所处的状态。把 P 考虑为充满整个相空间的 $2n$ 维流体的一个粒子，并指定该粒子 P 在时刻 t 处于位置 tP，那么我们就可以得到稳定流动的不可压缩流体的图像。在统计推导热力学定律时要用到所谓遍历假设，根据遍历假设，任意个别的粒子 P(除了构成测度为零的集合的初始状态 P 之外)的道路几乎处处稠密地覆盖相空间[或者至少相空间的$(2n-1)$维子空间，其上能量具有给定值]，因此在它的运动过程中，在相空间这部分或那部分找到这个粒子的概率对于任何具有相等测度的部分都是相等的。19 世纪的数学似乎离开证明具有任何普遍性的遍历假设都有很长的距离。很奇怪，在由经典力学转变为量子力学已经使这个假设几乎没有什么用了之后不久，这个假设得到了证明，它的证明用到量子物理学的数学工具。在映射(t)：$P\to tP$ 的影响下，相空间中的任何函数变换或函数 $f'=U_t f$，它由方程 $f'(tP)=f(P)$定义。U_t 构成任意函数 $f(P)$的希尔伯特空间中的算子群，$U_{t_1}U_{t_2}=U_{t_1+t_2}$，应用谱分解到这个群上使得J. 冯·诺伊曼在下面两个前提之下推导出遍历假设：(1)一个函数列 $f_n(P)$收敛于一个函数 $f(P)$，$f(n)\to f$理解为(也就像在量子力学中那样)在希尔伯特空间中的收敛，其意义是指当 $n\to\infty$时，$(f_n-f)^2$的全积分趋于零；(2)假设相空间中没有在变换(t)群下不变的子空间，除非它是在勒贝格的意义下等于空空间或全空间的那些空间。不久之后，在对收敛的概念进行另外的解释的情况下，也给出遍历假设的证明。

自然界的定律或者可用微分方程来表述，或者可用“变分原理”来表述，根据变分原理某些量在给定条件之下取极值。例如，在光学均匀或非均匀介质中，光线由给定点 A 到给定点 B 所经的路径使得光经过的时间取极小值。在位势理论中，取极小的量就是所谓狄利克雷积分。在 19 世纪，企图直接证明极小的存在性因受到魏尔斯特拉斯的批评而受打击。但是,到了 20 世纪,在希尔伯特 1900 年给出狄利克雷原理的一个直接证明,以及后来证明如何应用它不仅能够证明紧致黎曼面(黎曼早在 50 年前已提出)上的函数和积分("代数"函数和"阿贝尔"积分)的基本事实,而且能够用来推出单值化理论的基本命题,此后就又恢复了变分法的直接方法的光荣地位。单值化理论在单复变函数中占有中心地位,20 世纪最初十年中出现 P. 克贝和 H. 庞加莱首先证明 25 年前庞加莱本人和菲利克斯·克莱因所猜想的那些基本命题。在有限维欧氏空间和无限维希尔伯特空间中,下面事实都成立:给定线性(完备)子空间 E,任何向量可以唯一确定地分解成一个属于 E 的分量(正交射影)以及一个垂直于 E 的分量。狄利克雷原理无非就是这个事实的特殊情形。但是,我们提到的希尔伯特空间的正交射影在函数论上的应用与拓扑学密切相关,我们最好还是先转向讨论近代数学的这门重要分支——拓扑学。

8. 拓扑学和调和积分

近代拓扑学的方法的本质特征可以通过它同最近才发展起来的调和积分论的联系来阐明。考虑一个区域 G 中没有电流出现的静磁场 h。在 G 中每一个点,它满足两个微分条件,用向量分析的通用记号来表示可写成下列形式:$\operatorname{div} h=0$,$\operatorname{rot} h=0$。这种类型的场称为调和的。第二个条件是说:如

果 C 是 G 中任意点的充分小邻域中的一条封闭曲线(闭链),则 h 沿着 C 的线积分 $\int_C h$ 为零。由此可推出对于任何构成 G 中一个曲面的边界的闭链 C,都有 $\int_C h = 0$。但是,对于 G 中任意闭链 C,这个积分就等于 C 中所包围的电流。

让我们用"C 同调于零"即 $C \sim 0$ 来表示 G 中闭链 C 是 G 中一个曲面的边界。我们也能沿着相反方向绕一个闭链 C 一周,这样我们就得到 $-C$,也可以绕它 2 次,3 次…,这样就得到 $2C, 3C, \cdots$,闭链可以彼此相加和相减(假如我们不坚持闭链非得是一段)。两个闭链 C, C' 称为同调($C \sim C'$),如果 $C - C' \sim 0$。注意,如果 $C \sim 0, C' \sim 0$,则 $-C \sim 0, C + C' \sim 0$。因此,假如我们把同调的闭链看成群里相同的一个元素,则闭链在加法之下构成交换群,称为"贝蒂(Betti)群"。可以把闭链和它的同调这些概念从欧氏空间的一块三维区域推广到任意 n 维流形,特别是闭(紧的)流形——像二维球面和环面;在 n 维流形上,我们就不只能谈到 1 维闭链,而且也能谈到 2 维,3 维,…,n 维闭链。调和向量场的概念也能做类似的推广,推广成秩数为 $r(r = 1, 2, \cdots, n)$ 的调和张量场(调和形式),假定流形上赋予黎曼度量,我们在后面几何的一节中还要讨论这个假定。任意 r 秩张量场(线性微分形式)可以在 r 维闭链上进行积分。

同调论的基本问题在于决定贝蒂群的结构，不仅对于1维，而且对于2维，…，n维闭链，都要决定，特别是要决定线性无关的闭链的数目(贝蒂数)。(ν个闭链C_1，…，C_ν称为线性无关，如果不存在整系数k_1，…，k_ν，使得同调关系$k_1C_1+\cdots+k_\nu C_\nu\sim 0$成立，除非$k_1=\cdots=k_\nu=0$。)紧致流形上的调和形式的基本定理是说：给定$\nu$个线性独立的闭链$C_1$，…，$C_\nu$，存在一个调和形式$h$，具有预先指定的周期：

$$\int_{C_1} h = \pi_1, \cdots, \int_{C_\nu} h = \pi_\nu$$

H. 庞加莱发展了为精确表述闭链和同调概念所须用的代数工具。在20世纪的发展进程中，结果发现在大多数问题中，上同调比同调用起来更方便。我用一维闭链来说明这点。C_1是从一点p_1引向p_2的一条线，C_2是从一点p_2引向p_3的一条线，则C_1+C_2是从p_1引向p_3的一条线。一个给定的向量场h沿着任意(闭或开)线C的积分$\int_C h$是C的加性函数$\phi(C)$，即

$$\phi(C_1+C_2)=\phi(C_1)+\phi(C_2)$$

假如还有rot h处处为零，则不管什么点，对于在这点任何充分小邻域中的任何闭线都有$\phi(C)=0$。满足这样两个条件的任意实值函数ϕ都可以称为抽象积分。上同调关系$\phi\sim 0$的意思是，对于任意闭线C，$\phi(C)=0$。从而对于任意实系数

$k_1,\cdots,k_\nu$,上同调关系 $k_1\phi_1+\cdots+k_\nu\phi_\nu\sim 0$ 的意义就很清楚了。现在同调关系 $C\sim 0$ 可以不由闭链 C 是边界这条件来定义,而由条件:对于任意抽象积分 ϕ,$\phi(C)=0$来定义。我们约定任意两个抽象积分 ϕ,ϕ' 恒等,如果 $\phi-\phi'\sim 0$,那么这些积分构成一个向量空间。现在就把这个向量空间的维数引进来,称它为贝蒂数。于是,紧致流形上调和积分的基本定理现在就断言,对于任意给定的抽象积分,存在唯一的一个调和向量场 h,其积分上同调于 ϕ,即对每一闭链 C,有 $\int_C h=\phi(C)$(用调和积分具体实现抽象积分)。

J. W. 亚历山大(J. W. Alexander)发现一个重要结果,它把嵌入在 n 维欧氏空间 R_n 中的流形 M 的贝蒂数和其余集 R_n-M 的贝蒂数联系在一起(亚力山大对偶定理)。

拓扑学的困难来源于我们可以从两方面来考虑连续流形。欧几里得把图形看成有限多个几何元素,像点、直线、圆、平面、球面等所构成的集合。但是当把每一直线或曲面用属于它们的点所成的集合来代替时,我们也可以采用集合论观点,即只有一种元素——点,而任何(一般是无限多)点集可以看成图形。这种近代观点显然赋予几何学以大得多的普遍性和自由。可是,在拓扑学中,无须把点当作最终的原子,而可以通过"块"或胞腔把流形像建筑物那样构造出来,如果流形是紧致的话,只要用有限多个这种胞腔作为基

本单元就能构造出来。因而我们在这里可以回到按欧几里得“有限主义”风格来论述问题。(组合拓扑学)

在第一种观点下,流形作为一个点集,任务就是表述连续性,由连续性,一个点 p 逼近已知点 p_0 时逐渐与 p_0 不能区别开。这可以通过对于 p_0 指定 p_0 的邻域与它对应来办到,p_0 的邻域系也就是子集的一个无限收缩序列 $U_1 \supset U_2 \supset U_3 \supset \cdots$,这些子集都含有 p_0。($U \supset V$ 表示集合 U 包含 V。)例如,在具有笛卡儿坐标 x、y 的平面上,对于一点 $p_0=(x_0,y_0)$,我们可以选取包围 p_0 的半径为$\frac{1}{2^n}$的圆的内点为 p_0 的第 n 个邻域 U_n。作为所有连续性考虑的基础的收敛概念,可以用邻域序列定义如下:一个点列 $p_1,p_2,\cdots$收敛于 p_0,如果对于每一自然数 n,存在一个 N,使得对于 $\nu>N$,所有点 p_ν 都属于 p_0 的第 n 个邻域 U_n。当然,U_n 的选取在某种程度上是任意的。例如,我们也可以把(x_0,y_0)的第 n 个邻域 V_n 选为包围(x_0,y_0)的边长为$\frac{2}{n}$的正方形,如果

$$-\frac{1}{n}<x-x_0<\frac{1}{n}, \quad -\frac{1}{n}<y-y_0<\frac{1}{n}$$

则(x,y)属于这个邻域 V_n。然而,在下面的意义下,序列 V_n 等价于序列 U_n,也即对于每一个 n,存在一个 n',使得 $U_{n'} \subset V_n$(从而对于 $\nu \geqslant n'$,$U_\nu \subset V_n$。),同时对于每一个 m,存在一个 m',使得 $V_{m'} \subset U_m$;结果点的收敛概念不管是基于这个或那

个邻域序列都是一样的。如何定义一个流形到另一个流形映射的连续性就很清楚了。两个流形之间的一一映射称为拓扑映射,如果两个方向的映射都是连续的,两个流形如果相互之间能够彼此拓扑地映射,则称为拓扑等价。拓扑学就研究在拓扑映射之下(特别是连续变形之下)流形的那些不变性质。

连续函数 $y=f(x)$ 可以由分段线性函数来逼近。相应的高维方法——一个流形到另外一个流形的已知连续映射的单形逼近方法,在点集拓扑学中具有很大的重要性。利用它已经发展出一般的维数理论,证明了贝蒂群的拓扑不变性,定义了映射度["Abbildungsgrad", L. E. J. 布劳沃(Brou-wer)]这个决定性的概念,并证明了一些有趣的不动点定理。例如,一个正方形到自身的连续映射必然有一个不动点,即被这个映射映到自身的点。给定从一个紧致流形 M 到另一个流形的两个连续映射,我们可以更一般地问:M 上什么点 p 在这两映射之下,其在 M' 上的像重合。著名的莱夫谢茨公式就是把这种点的"全指数"与 M 和 M' 的闭链的同调论联系在一起。

把不动点定理应用到无限维函数空间上被证明是建立在非线性微分方程的解的存在定理上的一个有力方法。这个方法特别有价值,因为流体力学问题和空气动力学问题都几乎属于这种类型。

庞加莱发现，只有从第二种观点，即把 n 维流形看成是 n 维胞腔的聚集体，才可能对闭链的同调理论给出满意的表述。n 维胞腔（n-胞腔）的边界由有限多（$n-1$）-胞腔构成，（$n-1$）-胞腔的边界又由有限多（$n-2$）-胞腔构成，…。通过对于这些胞腔指定符号，然后用这些符号表示（$i-1$）-胞腔属于某一个出现的 i-胞腔的边界（$i=1,2,\cdots,n$），就得到流形的组合骨架。从胞腔我们可以通过重复的重分过程，它包含分成越来越精细的网中的点，最后到流形的点。因为这个重分过程是按照一个固定的组合方式进行的，从拓扑的观点来看，流形完全由其组合骨架来决定。于是马上出现这样的问题：在什么情况下，两个给定的组合骨架代表相同的流形，即通过反复的重分导致拓扑等价的流形。我们还远不能解决这个基本问题。代数拓扑学（它在组合骨架上进行运算），本身是一门丰富而优美的理论，它通过各种方式与代数学和群论的基本概念和定理联系在一起。

代数拓扑学和点集拓扑学之间的关系充满着许多严重的困难。现在尚未有十分满意的克服方法。然而，最好不从胞腔的分割出发，而从通过允许相重叠的补片的覆盖出发，这点似乎是清楚的。从这样一种模型出发也发展出基本的拓扑不变的概念。上面讲的联系同调和上同调的抽象积分的概念就是一个例证；的确可以用它来直接证明第一贝蒂数的不变性而无须单形逼近的工具。

9.共形映射，亚纯函数，大范围变分法

同调论与狄利克雷原理或者希尔伯特空间的正交射影方法结合在一起就导致调和积分论，特别在最低维 $n=2$ 的情形所导致黎曼面上阿贝尔积分理论。但是，对于黎曼面，如果把狄利克雷原理和闭曲线的同伦（而不是同调）论结合起来，就产生出关于单变量解析函数的单值化的基本事实。一个闭链同调于零，假如它是边界；而它同伦于零，假如它可以连续变形而收缩成一点。1维和多维闭链的同伦论最近涌向前去成为拓扑学的一门重要分支，而同伦的群论方面已导致抽象群论方面的一些惊人的发现。1维闭链的同伦与一个给定流形的万有覆盖流形的观念有密切联系。给定一个流形 M 到另一个流形 M' 中的一个连续映射 $p\to p'$，可以把点 p' 看成 M 上任意点 p 在 M' 中的迹或射影，这样 M 成为覆盖 M' 的流形。在 M' 的一给定点 p' 上，可能设有 M 的点或几个 M 的点 p（映到 p' 上）。映射称为非分歧的，如果对于 M 的任意点 p_0，它在 p_0 的一个充分小的邻域中是一对一的（且双方是连续的）。设 p_0 为 M 上一点，p_0' 为 p_0 在 M' 上的迹，C' 为 M' 上的由 p'_0 出发的一条曲线。假如 M 非分歧地覆盖 M，我们可以由 p_0 出发，在 M 上追踪这条曲线，至少要在碰到“M 相对于 M' 的边界”的某点之外。我们的主要兴趣在于一个已知流形 M' 上的那些覆盖流形 M，对于它们不出现这种情况，从而 M 覆盖 M' 非分歧且没有相对边界。定义拓扑学中的中心

概念“单连通”的最好方法就是通过把单连通流形描述为除了本身之外没有其他的非分歧的无边界覆盖。在所有的非分歧、无边界覆盖流形中存在一个最强的——万有覆盖流形，它可用下面命题来描述：在其上，一条曲线 C 是闭曲线只有当其迹 C' 是（闭的且）同伦于零。单值化的基本定理的证明包含两步：(1)对给定的黎曼面构造它的万有覆盖流形，(2)通过狄利克雷原理，造一个从这个覆盖流形到有限或无限半径的圆内的一对一的共形映射。

到现在为止我们关于分析的论述中所讨论的所有内容都以某种方式和希尔伯特空间中的算子和射影联系在一起，而希尔伯特空间就相当于无穷维的欧氏空间。在闵可夫斯基的《数的几何》中，距离 $|AB|$ 与欧几里得距离不同，但是也满足公理 $|BA|=|AB|$ 以及在三角形 ABC 中，不等式 $|AC|\leqslant|AB|+|BC|$ 成立，他用这个距离在得到许多关于不等式的整数可解性的结果方面极为有效。我没有时间报告数论这门吸引人的分支五十年来的进展。在无穷维空间中也赋予这样一种度量，它比欧几里得-希尔伯特度量更具有一般性，这是由巴拿赫引进的，但是他不是为了数论的目的而是为了纯粹分析的目的才引进的。是否论述巴拿赫空间的论文之多能说明这个题目的重要性或许还是有问题的。

狄利克雷原理只是变分法的直接方法的最简单的例子。这种方法在 1900 年左右开始应用。正是通过这种方法给极小曲面理论(与解析函数论十分密切相关)奠定了新基础。我们现在所得到的关于非线性微分方程的知识或者是来自拓扑学的不动点方法(见上),或者来自所谓连续性方法,或者是把方程的解作为适当泛函的极值而构造出来。

n 维紧致流形上的连续函数必定在某些地方取极小值,在另一些地方取极大值。我们可以把这个函数解释为高度。除了顶点(局部极大)和底点(局部极小)之外,还可能存在鞍点(关隘)作为"停留的"高度。在 n 维情形下,这多种可能性可由惯性指数 k 表征,k 可以取值 $k=0,1,2,\cdots,n$,值 $k=0$ 刻画极小值,值 $k=n$ 刻画极大值。马斯顿·莫尔斯发现具有指数 k 的驻点数目 M_k 与 k 维闭链的线性无关的同调类的贝蒂数 B_k 之间成立不等式 $M_k \geqslant B_k$。当把这些关系推广到函数空间时,就开辟了一个新的研究路线,可适当地称之为大范围变分法。

解析函数单值化理论的发展导致 2 维流形的保角映射的更深入的大范围研究,结果得出一系列定理,极为简单和漂亮。在同一领域中,还记载下来对于亚纯函数性质的知识的巨大拓广。亚纯函数也即复变数 z 的单值解析函数,除了在孤立"极点"(无穷大点)之外处处正则。在上一世纪末,黎曼 ζ 函数对于整函数(没有极点的函数)的深入研究给予极大的刺激。无论在结果和方法上标志着向前跨越了最大一步的是芬兰数学家罗尔夫·奈旺林纳在 1925 年发表的关于亚纯函数的文章。除了 z-平面上的亚纯函数,还可以研究给定黎曼面上的亚纯函数;这样一来作为复 2 维空间中代数曲线理论的代数函数(等于紧致黎曼面上的亚纯函数)论可以推广到任意维数,从而我们可以由亚纯函数过渡到亚纯曲线。

多复变解析函数论,尽管有一些深刻的结果,仍然还在它的草创阶段。

10.几何学

在已经相当长地讨论过分析和拓扑学问题之后,我不得不简短地谈一下几何学。前面提到过的一些主题——极小曲面、共形映射、代数流形以及整个拓扑学都可以归入几何学的标题之下。在初等公理几何学领域中,出现一种奇异的发现,即冯·诺伊曼的元点的“连续几何学”,因为它同量子力学、逻辑和“格”的一般代数理论紧密地相互联系在一起。n 维向量空间中的 1 维、2 维、…、n 维线性流形形成$(n-1)$维射影点空间中的 0 维、1 维、…、$(n-1)$维线性流形。射影几何学的通常的公理基础以点为其本原的元素或原子,由它们组成大于零维的流形。但是,也可以有另外一种处理方法,即把所有维的线性流形都看成元素,公理论处理这些元素之间的关系“B 包含 A”($A \subset B$),以及在这些元素上进行的交运算 $A \cap B$、并运算 $A \cup B$;其中 $A \cup B$ 由所有的和 $\boldsymbol{x}+\boldsymbol{y}$ 组成,其中 $\boldsymbol{x}$ 是属于 A 的向量,$\boldsymbol{y}$ 是属于 B 的向量。在量子逻辑中,这个关系和这些运算对应于古典逻辑中蕴涵关系(“命题

A 蕴涵 B”)和运算“与”“或”。但是,在古典逻辑中,分配律

$$A\cap(B\cup C)=(A\cap B)\cup(A\cap C)$$

成立,而在量子逻辑中它不成立,它必须用更弱的公理:假如 $C\subset A$,则 $A\cap(B\cup C)=(A\cap B)\cup C$ 来代替。在表述这些不能推出有限维性的公理时,可能遇到好多种可能性;其中一种导致量子力学所用的希尔伯特空间,另一种导致冯·诺伊曼的连续几何学,其维数标度是连续的,其中任意低维的元素存在,但是没有零维的元素。

20 世纪几何学最重要的发展是发生在微分几何学方面,是由广义相对论的刺激产生的。广义相对论证明宇宙是具有黎曼度量的 4 维流形。n 维流形的一片可以一对一连续的方式映射到 n 维“算术空间”[即由实数 x_i 的所有 n 元组 $(x_1,x_2,\cdots,x_n)$ 构成]的一片上。黎曼度量就是对于由点 $P=(x_1,\cdots,x_n)$ 到无穷近点 $P'=(x_1+\mathrm{d}x_1,\cdots,x_n+\mathrm{d}x_n)$ 的线元指定一个距离 $\mathrm{d}s$,它的平方是相应坐标 $\mathrm{d}x_i$ 的二次型

$$\mathrm{d}s^2=\sum g_{ij}\mathrm{d}x_i\mathrm{d}x_j\quad(i,j=1,\cdots,n)$$

其系数 g_{ij} 依赖于点 P,但不依赖于线元。这就意味着,在无穷小情形下,按毕达哥拉斯定理,欧氏几何成立,但是在有限大小的区域中一般不成立。在一点的线元可以考虑为在 P 点的 n 维向量空间——P 处的切空间或周围的无穷小向量;坐标 x_i 的任意(可微)变换的确就诱导出在给定点 P 的

任意线元的分量 dx_i 的一个线性变换。正如列维-齐维塔在1915年所发现的，黎曼几何学的发展的关键在于这样一个事实：黎曼度量唯一决定 P 处的切向量空间到任何无穷近点 P' 的无穷小平行位移。由此产生出微分几何学的一般构造：流形的每一点 P 都伴随着一个齐性空间 Σ_P，它可由确定的“自同构”群来描述，这个空间现在就起着切空间(其自同构群由所有满秩线性变换所构成)的作用。假定我们知道，在无穷小位移之下这个伴随空间 Σ_P 如何变换成伴随任何无穷近点 P' 的空间 $\Sigma_{P'}$。黎曼几何学中最基本的概念——曲率(它在爱因斯坦引力场方程中起着极为突出的作用)也可以带进这一般的构造中来。这样就建立起一般的仿射微分几何、射影微分几何、保角微分几何等。人们还曾试图用这些结构来描述引力场之外的自然界存在的其他种物理场，像电磁场、电子-波场以及对应于其他几种基本粒子的场。但是，在我看来，似乎迄今为止所有这种力图建立起统一场论的设想都失败了。我们有极为合理的理由来用微分几何学的基本概念来解释引力。但是试图把所有物理实体都“几何化”或许是靠不住的。

大范围微分几何学是一个有趣的研究领域，它把流形的微分性质和它的拓扑结构联系起来。上面用其伴随空间 Σ_P 以及其位移所说明的微分几何的构造有纯粹拓扑的内核，最近在纤维空间的名称之下，这些已经发展成为重要的拓扑技术。

我们叙述过去 50 年间在分析、几何学和拓扑学的进展不得不触及许多专门的主题。假如不使读者感到这些数学专业彼此之间有着密切的联系，那么这个报道就完全失败了。除了许多其他的例子之外，正如上面纤维空间的例子表明，各种分支的这种统一性甚至使得在分析、几何学、拓扑学（以及代数学）之间做出截然的区分实际上是不可能的。

11.基础论

最后关于数学基础，我来谈几句话。在 19 世纪已经对于所有的数学概念包括自然数概念进行过批判的分析，达到使它们归结成纯粹逻辑以及“集合”和“映射”的思想。在 19 世纪末，人们逐渐懂得，没有限制地构成集合、集合的子集、集合的集合等，以及对这些概念和逻辑量词“存在”和“所有”等原始元素通行无阻地应用[例如命题：（自然）数 n 是偶数，假如存在一个数 x，使得 $n=2x$；它是奇数，假如对于所有 x，n 与 $2x$ 不同了。]不可避免地会导出悖论来。20 世纪中对于这个难题的解决做出最突出贡献的三个人是 L. E. J. 布劳沃、大卫·希尔伯特和库特·哥德尔。布劳沃对于“数学的存在主义”的批判不仅完全消除了悖论，而且也破坏了当时一直普遍接受的经典数学中的很大一部分。

假如只有某某人成功地构造出来具有给定性质 P 的（自

然)数 n 这样的历史事件才使人有权利声称“存在具有该性质的数”，那么择一命题：或者存在这样的数，或者所有的数具有相反的性质——非 P，就没有根据了。对于这种命题的排中律可能对上帝是对的，因为他似乎能够一眼综观所有自然数构成的无穷序列，但是对于凡人的逻辑就不是这样。因为在形成数学命题时，量词“存在”和“所有”以非常复杂的方式彼此堆积在一起，布劳沃的批判使得几乎所有的这类命题都变成毫无意义，因此，布劳沃着手建立起一种新数学，其中不用到那个逻辑原则。我想任何人都会接受布劳沃的批判，他希望坚持这样一种信念，即数学命题说的是纯粹的真理，基于证据的真理。至少布劳沃的论敌，希尔伯特试图挽救经典数学，他的办法是把数学由一个有意义的命题体系转变成无意义公式的游戏，并证明这种游戏永远不导出两个不相容的公式：F 和非 F。他的目标是相容性，而不是真理。他证明相容性的努力揭示了数学的惊人的复杂的逻辑结构。头一步的确是大有希望，可是后来哥德尔的发现给希尔伯特的事业投下了阴影。相容性本身也可以用一个公式表示。哥德尔所证明的是：如果数学游戏的确是相容，则相容性公式在这个游戏中不能被证明。这样一来，我们怎么还能希望证明相容性呢？

这就是我们现在所处的形势。十分明显，我们关于物理世界的理论并不是观察到的现象的描述，而是一种大胆的符号构造。可是，我们可能吃惊地看到：甚至数学也具有这种特征。反唯象论的构造方法的成功是不可否认的。然而它所依据的最终基础仍是一个谜，甚至在数学中也是如此。

（胡作玄译；沈永欢校）

数学中公理方法与构造方法之我见①

《数学信息员》杂志的编者评注：下面这篇外尔的文章至今没有发表过。我是在收集20世纪20年代主要发生在德国的直觉论数学家与形式论数学家之间争论的材料时，在苏黎世联邦工业大学图书馆中属于科学史资料的外尔遗著中无意发现的[3]。它是外尔的最后几篇文章之一，大概是1950年后为美国听众用英文写的讲稿。在他生活的这段时期，外尔[在前妻海伦·约瑟夫亡故后，于1950年续娶埃伦·巴尔]穿梭于普林斯顿与苏黎世之间。在70岁生日后正好一个月，他在一次心脏病猝发中未能幸免，于1955年12月8日与世长辞。(他于1885年11月9日生于汉堡附近埃尔姆斯霍恩。)

在外尔百年诞辰之际，我们发表这篇文章"数学中公理方法与构造方法之我见"作为对他的纪念。但在我看来，其意义还远不止此。我要强调，这篇文章的发表，对于数学史

① 原题：Axiomatic Versus Constructive Procedures in Mathematics。译自：The Mathematical Intelligencer(《数学信息员》杂志)，1985，7(4)：10-17。《数学信息员》杂志在刊出此文时加了编者评注，我们在这里译出，放在文章的前面，供参考。——译注

家以及当代一般数学家具有重要的意义，因为这篇文章把当今数学研究中的种种思路都编织在一起了。

事实上，外尔建造了一座足以超越布尔巴基(Bourbaki)全盘形式化计划之范围的桥梁；在这样做时，他又回到了克莱因与希尔伯特相对立的观点上来了，他曾在格丁根亲身领略过这种对立。20年代在苏黎世联邦工学院时，外尔站在直觉论者布劳沃一边，反对他年迈的老师、形式论领袖希尔伯特。这段历史的某些情趣，在下面的文章中依然可见，特别是在强调数学的构造性方面，以及外尔对那些可以凭借直觉一步步查勘的方法所表现的偏爱上。当然那个时代已逝去多年，甚至无人再提及布劳沃的名字。如果说对于希尔伯特，数学只不过是纸上无意义的符号的游戏；如果说对于布劳沃，数学是封闭在每个人头脑里的东西；那么，对外尔来说，数学必须与自然界，同时又与文化保持接触，才能永葆青春。

现在，一部分老的论战已经了结，或者毋宁说它已转变为现代数理逻辑中一些相当著名的内容，其中，(形式化的)直觉论逻辑甚至已研究得很完善了。但是，论战中的某些问题在数学界依然存在，而且正在破土而出，致使我们能在外尔50年代开始建造的桥上加上一个桥拱，把我们的时代与历史脉络联系起来。

计算机时代也在重新估价构造性方法，虽然它显著地改变了后者原来的意义；实际上，四色问题的计算机辅助“证明”是逻辑方法的一个极端的例子，这种程序是不能凭借直觉一步步查勘的，因为其中的步骤如此之多，甚至不可能用纸全部打印出来。于是，要么按某种实用主义观点，承认它是一种新式证明；要么说它根本就不是什么证明。我想外尔(甚至希尔伯特，更不用说布劳沃)或许会拒绝这种论证方式的。

更为有趣的是探讨这样的问题：数学是否只有当它在自己内部去寻找需要解决的课题时才会蓬勃发展，或者，它是否需要别的学科，需要文化，需要社会为它提供营养和中肯的评价标准。现在，一些数学家开始相信第二条路会更加广阔；在这方面，我马上想起托姆(Thom)关于突变论的观点，当然(幸亏有足够的)其他实例也可以印证。

外尔终于在1930年接受了格丁根的一个席位，返回到那里；在1932年，即赴普林斯顿的前一年，他发表了一篇纪念希尔伯特70寿辰的演说。他引用冯·卡门(von Kármán)的一篇讲话(1929年为新的数学所成立而做)①，冯·卡门为希尔伯特学派的直接方法——它与算法不同——辩护，把它描述为“已经在应用数学中取得了非凡的进展[8]”。他以这样的

① 1929年在格丁根成立了单独的数学研究所。——校注

方式说明希尔伯特战胜布劳沃的最重要的原因:产生了成果(当然,在纯粹数学中也产生了成果)。然而数学的演进不能仅以科学刊物上发表了多少篇文章来衡量;数学主要靠高水平的成果和新的观念来推动。因此,我可以把外尔自己的科学生涯与希尔伯特/冯·卡门的研究风格来做一对照。前者充满着如此多的、来自量子论与相对论的灵感,以致即使是布尔巴基派的迪厄多内(Dieudonné)也不得不承认,这些灵感构成了外尔的李群表示论的源泉[2]。此外,规范场理论,即量子场论中最有力的微分几何技巧,将不再被认为是"毫无道理的"应用,只要我们想想规范场理论正是外尔在《空间—时间—物质》一书的某些段落中发明的,几何学在那里就像待在自己家里那样舒适自在[6]。

早在1910年,即他从格丁根毕业仅仅两年,外尔对于这些事情的态度就已经形成了。他把数学视为"一株足以夸耀的树,其树冠昂首耸入云霄,同时又通过千万条根系,从直觉的土壤和实在的想象中汲取它的力量"[4]。

在同一篇文章的最后一个脚注中,他宣称,解决连续统势的问题,首先需要对集合论(Mengenlehre)原理做出确切的阐述。1918年外尔发表了《连续统》[5]一书,这是一本挑起基础争论的书;而在1921年加入布劳沃的行列之后,连续统就被他认为是一种自由发展的介质(Medium freien Werdens)[7]。甚至在这里发表的这篇文章中,外尔继续坚持说,

“连续统”这一构造性的概念，还未“完全澄清并确定下来”。我认为他持这种观点的一贯性值得注意；这里面一定有些真理，正如对初始条件或“无限小”扰动“十分”敏感的动力系统的存在，启发我们懂得了连续统是何等重要一样。

最后（但对史学家说不是最次要的），外尔把“哲学的反思与历史的反思相结合”的观点值得很好重视，如他的关于科学“作为人类事业的一部分”的概念等。在这方面，他既是历史的主体，又是历史的对象。我称他为主体，是因为他提倡的是一种理解数学演进的态度：不仅要考虑定理与技术性成果，而且还要考虑文化因素、学术标准与个人爱恶等大量复杂的问题。这样，数学史家就能跳出就事论事型哲学的框框，这种哲学正是谢瓦莱与韦伊在《外尔全集》后面写的那篇评论的最大缺点[1]。事实上，把外尔作为历史对象考虑时，如不把“哲学的、数学的与物理的思想融会贯通地”予以考虑，就不可能理解他的整个科学生涯，“这种融会贯通的研究正是我最最喜爱的”[6]。由于他习惯于把科学家们通常“心照不宣的东西”明显地表达出来，所以人们就更容易理解他对历史环境（从魏玛共和国①到美国）极富敏感，这种敏感性即使是最最呆板的数学家也多少会表现出一点来的。

外尔的研究工作，正处在两次世界大战之间，有时还被

① 建立在魏玛（Weimar）的德国共和国（1919—1933）。——译注

新兴的数学形式化与数学代数化思潮弄得湮没不彰。总的来说,它被人们忽视了、误解了。科学界可以从重新考虑使外尔感兴趣的那些问题中获得很大教益,这些问题大部分并没有解决,而只是在一段时间里被取消过罢了。

参考文献

[1] C. Chevalley & A. Weil, Hermann Weyl(1885—1995). L' Enseignement Mathématique, Ⅲ(1957); repr. in H. Weyl, Gesammelte Abhandlungen, Ⅳ, Springer-Verlag, Berlin, 1968, pp. 655-685.

[2] J. Dieudonné, Weyl Hermann. Dictionary of Scientific Biography ⅩⅣ(1967), C. C. Gillispie(ed.), Scribner's, N. Y., pp. 281-285.

[3] T. Tonietti. A research proposal to study the formalist and intuitionist mathematicians of the Weimar Republic. Historia Mathematica, 9(1982), 61-64.

[4] H. Weyl. über die Definitionen der mathematischen Grundbegriffe, Mathematisch-natu-rwissenschaftliche Blätter, 7(1910), pp. 93-95 and 109-113; repr. in Gesam. Abh., Ⅰ, pp. 298-304.

[5] H. Weyl. Das Kontinuum, Leipzig 1918; repr. W. de Gruyter Berlin, 1932.

[6] H. Weyl. Space Time Matter, Dover, N. Y., 1950. The

first original edition is Raum Zeit Materie, Springer-Verlag, Berlin, 1918; in it there is no gauge theory, In Space Time Matter, Which was translated from the 4th edtion, the Eich-Invarianz was called "calibration invariance". Previous papers which prepared gauge theory were: "Gravitation und Elektrizität" (1918), "Eine neue Erweiterung der Relativitatätheorie" (1919), and "über die physikalischen Grundlagen der erweiterten Relativitätstheori" (1921) repr; in Gesam. Abh. , II. Cf. T. Tonietti, Weyl and Husserl, submitted to Historia Mathematica.

[7] H. Weyl. über die neue Grundlagenkrise der Mathematik, Mathematische Zeitschrift, 10(1921), 39-79; repr. in Gesam, Abh. , II, pp. 143-179.

[8] H. Weyl, Zur David Hilberts siebzigsten Geburtstag, Die Naturwissenschaften, 20 (1932), 57-58; repr. in Gesam. Abh. III, pp. 346-347.

已故哈代在他那本有趣的小书《一个数学家的辩白》中说:"对一位职业数学家来说,发觉他自己在写关于数学的作品,实在太可悲了。数学家的职责是真的做点事情,而不是谈论他和别的数学家已经做过了什么。"在书的稍后部分,他继续写道:"我现在写的正是关于数学的书,因为像其他年过六十的数学家一样,我不再有清新的思想、精力或耐心来有效地从事我的正当工作了。”

我早就过了 60 岁，对哈代以如此鲜明的挚诚表达出来的这种态度并不感到奇怪，并且衷心同意他的如下说法：“数学是年轻人的玩意儿。”我不敢苟同的则是他对那些进行“谈论”数学的人所表示的轻蔑。在我看来，人们的智力生活可以区分为两个领域，一是跟实践，跟塑造、建筑、创造有关的，这就是积极的艺术家、科学家、工程师、政治家所活动的领域。另一是反思的领域，在这里，对上述所有活动的真谛都要推敲一番，这就是人们所认为的哲学家的正当领域。创造性活动如果不借反思加以监督，则有完全脱离真谛的危险，有脱离实际与丧失正确观察事物相互关系的能力的危险，有流于庸俗化的危险；而反思的最大危险则在于它会变成完全不负责任的“清谈”，从而使人的创造力陷于瘫痪。

哲学的反思应与历史的反思结合起来，后者乃是依据当前的任务，对过去做常新的借鉴与改造。当然，科学家的目标与主要兴趣是客观真理，真理就应超越并独立于人类的各种弱点与所造成的障碍。但科学家也不能否认，在另一方面，现实中的科学乃是人类事业的一部分，并且像现实中的导源于现实世界的精神生活那样，本质上是历史现象。我们千万不要本末倒置，把起主宰作用的生活，断送给它所产生的“果”。不然的话，荒瘠不毛将是对我们的惩罚。日复一日，我们大家都处于以历史与人性为一方，以永恒与客观为另一方的紧张对立之中。

数学曾被称为是关于无穷的科学。事实上数学发明了有限的构造来解决本质上属于无穷的课题。这是数学家的光荣。克尔恺郭尔[①]曾说过,宗教研究的是无条件地关系到人的事情。与这种说法相反(但以同样的夸张),我们可以说,数学所研究的乃是与人毫不相干的东西。数学具有像无人性的星光般的性质,光耀夺目,但冷酷无情。但是,这里似乎存在着对创造的嘲弄:愈是远离与我们生存直接有关的事情,我们的心智愈知道如何把它们处理得更好。于是,在最最无所谓的知识领域,在数学那里,尤其在数论中我们变得最最聪明。

在这里,我记起亚里士多德的《形而上学》中的一段话,他想到人们是否应该老是想方设法僭越与他们直接有关的知识之范围。"说实在的,"他接着写道,"如果诗人们是对的,那么神的本性是猜疑的,这样,上帝很可能格外容易猜疑,于是所有越轨的人将遇到不幸。"我不能肯定我们数学家在最近几十年中是否由于追求抽象化而"越出了"人的领域。亚里士多德(他实际上在谈论形而上学而不是数学)为了安慰我们,于是暗示说,所谓上帝的猜疑之心,不过是诗人们的

① 泽伦·奥比·克尔恺郭尔(Sören Aabye Kierkegaard,1813—1855),丹麦哲学家及神学家。——译注

谎言而已(因为正如谚语所说,“诗人们常做谎言”)。

今天,如下的看法——即由于我们使用符号式构造从上帝那里攫取了知识的奥秘,于是上帝对我们的狂妄自大将进行报复——已经变得十分具体了。面对科学给我们带来的自身毁灭的威胁,谁能熟视无睹呢?令人吃惊的事实是,科学知识的迅速增长,没有伴随着相应的人类道德力与责任感的同步增长,这种现象在人类历史的各个时期几乎都是如此。因此,我认为,同哈代一道去要求数学应处于超然的、相对来说是清白无辜的地位,那将是徒劳的。哈代断言,数学是一种无实用价值的科学;他说这就意味着,数学既无助于直接剥削我们的同胞弟兄,又无助于直接消灭他们。可是,科学的力量在于实验(在自由选择的条件下所做的观察)与符号式构造的结合,而后者正是科学中的数学。因此,如果科学被定为有罪,那么数学也不能逃脱罪责。

符号式构造的最简单、同时在某种意义上也是最深刻的例子,就是我们用来数东西的自然数1,2,3,…。表示它们的最自然的符号是一个接着一个的划道:/,//,///,…。东西可能消散、融化、解冻而消释为露,但是它们的数目却能用符号记录下来。更进一步,我们可以通过一种构造性方法,对于用符号表示的两个数,决定其中哪个大些,也就是对两个符号中的道道进行比较。这种做法能揭示在直接观察中不易明显察觉的差异;在大多数情况下,直接的观察是无法区别即使是像 21 和 22 这样小的两个数的。我们对于数的符号能做出的这些奇迹如此熟悉以致对它们不再感到惊奇。当然，这只不过是真正的数学登台的前奏曲。我们没有听天由命，没有停留在数实际碰到的这堆或那堆具体东西的数目上，而是设法做出了**所有可能**的数的开放序列，它从 1(或 0=无)开始，对已经得到的任何数的符号 n，再加上一道就变为下一个数 n'。

于是，**存在**就投影到了**可能**的背景之上，更确切地说，投影到了可能的大千世界之上；通过不断重复同样的步骤，这个大千世界不断显露，一直延伸到无穷中去。不论给我们什么数 n，我们总相信可能进到下一个 n' 上去。对于“总能再加上一个”，从而得到可以无止尽地往下数的无穷的直觉，对全部数学来说都是很根本的；它为我喜欢称为**先验**可察的变化范围，提供了一个最简单的实例。其他例子以后再述。眼下我只是粗浅地凭想象做出关于符号式构造的概念。

与构造性方法相媲美的是**公理化**方法。后者在 20 世纪数学中的地位非常高，以至达到这样的程度：在著名的尼古拉·布尔巴基撰写的文章“数学的建筑”里[发表于《美国数学月刊》(American Mathematical Monthly)，1950，57：211-232]，数学的这个方面竟主宰了全局。虽然我并不十分赞同这种看法，我现在还是打算先把数学的公理化方法为你们描述一下。为此，我采用我在《美国数学月刊》1951 中的一篇文章的部分观点，该文题为“半个世纪来的数学”，并将利用我在“20世纪数学的方法与问题”这门课程的绪论中的说法。这门课程是我大胆地在苏黎世开始，后来又在普林斯顿于1952—1953年度讲授的，但在尚未讲完十分之一材料之前，课就中断了。

在过去，公理化方法只是用来阐明我们进行数学建筑所必需的基础，但现在它已成为从事具体数学研究的一种工具。它大概在代数学中获得了最大的成就。以实数系为例。它就像Janus① 的朝着两个方向的头；一方面，实数系是具有加法与乘法代数运算的域；另一方面，它是一个连接的流形，其各部分相互连接在一起，以致不能使之彼此真正隔离。一个是数的代数面孔，另一个则是数的拓扑面孔。现代公理论看问题很单纯，不喜欢（与现代政治学正相反）和平与战争这种模棱两可的混合物，于是干脆把这两个方面彼此分割开来。

让我们看一下那副代数面孔。一组元素，其中定义了两种运算：加法与乘法，它们满足一些通常的代数公理（我在这里不再列举它们），就被称为域。实数构成一个域，但是更为基本的有理数集合也构成域。在有理数的域上，我们可以建立代数数的域；如果 θ 是一个有理系数的不可约代数方程的

---

① ［罗马神话］门神名（有前后两副面孔，一朝前看，一朝后看）。——译注

根,则 θ 的所有有理系数多项式就构成这样的一个域。那奇妙、深奥的代数数域论就是研究这些多项式的。在旧有的公理体系中,我们主要只关心那些能完全确定某个系统结构的公理,就像欧氏几何公理对于欧氏空间那样;而在代数学中,我们则必须同这样一些公理打交道,它们要为许多不同的、不是互相同构的数域所满足。现在,公理不是用于研究能唯一地刻画一个无所不包的结构的基础,而是用于研究具有一些特定构造的各个实体的共同基础。

大家都知道,第一个做出的相容的公理体系是欧氏几何公理体系。欧氏几何的原来意义是讨论客观世界的真实空间,看来我们的心智对这种空间有充分的直觉。欧几里得认为,公理是对真实空间中点、线、面的关系的不言而喻的陈述。对这些几何对象,他没法给出描述式的定义;但所有定理则由公理严格推导出来,而且一点也不依赖于所做的描述。近代形式的欧氏几何公理体系出现在希尔伯特在 19 世纪末 20 世纪初发表的《几何基础》中。当然,它有了明显的改进。欧几里得的那套公理远远算不上完整;希尔伯特的那一套是完整的,并且在推导中没有脱节的地方。尤为基本的则是观点的改变:希尔伯特不打算描述点、线、面在我们的空间直觉中意味着什么;我们需要知道的有关它们的情况以及它们的关联、合同等关系,全部包含在公理之中。公理可谓是它们的隐含的(虽然必然是不完整的)定义。布卢门塔尔

(Blumenthal)在他写的希尔伯特传记中记述过这样一件事。早在1891年,希尔伯特在讨论维纳(H. Wiener)的一篇文章时说过一句话,它具有典型的希尔伯特风格,表达了他的观点:“在所有的几何陈述中,一定可以用桌子、椅子、啤酒杯来代替点、线、面这样的词。”

在几何的演绎体系中,证据甚至公理的真实性是不要紧的;公理只不过扮演“假设”的角色,而我们则由此做出逻辑结论来。对于公理,除了熟知的、使它们成为真实事物的陈述的几何解释之外,还可能存在其他物质性的解释;而且在这种解释下所有定理同样成立。例如,在给定的电路中,其 n 个支路在某些分支点上连接,如果直流电流的分布称为一个向量,并且以电流在单位时间内产生的焦耳热量作为向量“长度”的平方,则 n 维欧氏向量几何的公理就适用于这种情况。下述几何定理,即一个向量唯一地确定了它在向量空间一个线性子流形上的垂直投影,就变为这样的陈述:电路中电动势的一种给定分布唯一地确定了电流。

从几何体系本身出发——这体系乃是建立在几个未明确限定的概念和几条涉及这些概念的公理之上的,希尔伯特很快就转到问题的更高水平上来,它可称为元几何水平(metageometric level);在这个层次上人们探索整个几何大厦的逻辑结构,特别是寻求公理的相容性、独立性和完备性(或称范畴性)。希尔伯特的方法在于对模型的构造:某一个以代数方式构造的模型被证明满足除一条外的全部公理;于是没有被满足的那一条公理就不能是其他各条的推论。这种考虑很深刻,但希尔伯特并不是独一无二的,他有先辈,尤其在意大利和德国。模型方法的一个突出例子人们早已知道了:非欧几何中的凯莱-克莱因(Cayley-Klein)模型。但是,有一点或许是对的,那就是希尔伯特是第一个自由而又权威的在这种元几何水平上驰骋的人。

现在,让我们把公理体系的这种超验的应用与内在的应用(例如,在具体的代数研究中的应用)做一比较。按欧几里得的理解,他的公理涉及的对象(空间),有着存在于数学之外的起源,我这样说的意思是指空间不像数那样仅是心智的自由创造物。对于不接受这些公理有客观依据的人来说,这些公理就变成了假设。相形之下,应用于代数或拓扑或其他某个数学分支的内在的公理体系,既不是建立在外部证据之上,也不是建立在假设之上,此时,公理在其应用的各个具体的环境里,适用于其中出现的数学对象。于是,在代数学与数论中,人们一再碰到"理想除子",人们证明理想除子满足这套或那套关于理想的公理。在代数与算术研究中,除子概念出现在多种场合。让我们看到这些公理及其结论不依赖于这些特殊场合将是很有用的。超验的公理体系不仅已成功地应用于几何,而且还应用于这样一些知识领域,如力学特别是刚体静力学(阿基米德,伽利略,惠更斯),狭义与广义相对论，黑体辐射，生物学[伍杰(J. H. Woodger)]以及经济学[冯·诺伊曼与莫根施特恩(Morgenstern)的"对策论"]。

对于初学者，如果按我做学生时的经验来判断，超验的公理体系有点似是而非，令人十分厌烦，因为人们必须设法学会对熟悉的、公理中出现的术语的直观意义进行彻底的抽象，把它们看成是未明确限定的概念。而用于具体数学研究中的公理体系，本质上要简单得多。人们只要系统陈述一下某些基本事实，可以证明它们对于通常是一组自由构造的元素的研究对象成立。此时相容性、独立性与完备性问题只是次要的了。

建立这种公理体系的目的是理解；它所揭示的是有限个互相关联的结构，它们似乎构成了数学世界的支柱。这些分层次的各种结构不是封闭的，它们依然处于不断发展又不断统一的过程之中。我们好像不甘心于所谓获罪，而宁愿被长长的一串形式推理和计算领着，盲目地从一个环节走到另一个环节，并确信这样得到的数学真理。不过我们大概更喜欢不仅能看到目标，而且还希望看到达到该目标所走过的路以及途中的大致情况，以求理解证明的基本思想以及这些思想之间的关联。确实，一个现代的数学证明，正像任何现代机器或实验装置那样，可以说由于技术细节的复杂性，它们所根据的简单原理却被遗忘了。

当菲利克斯·克莱因在关于19世纪数学史的演讲中试图确立黎曼的地位时,他说:

无疑,对于任何一座数学的理论大厦,其命题的严格证明是它的基石。放弃这些证明,那么就无异于说,数学的一切都由它自己说了算。可是,能搜索到新问题,并明确提出新的、意料不到的各种结果与联系,永远是天才们创作的秘诀。没有新观点和新目标的不断揭露,数学在追求严格的逻辑推理中,很快就会筋疲力尽,并将由于缺乏新材料而开始停滞不前。所以,从某种意义上说,数学主要是由那些能力在于直觉方面而不是在逻辑的严密性上的人们所推进的。

克莱因本人的创造力的主要特色乃是对不同领域之间的相互联系与关系有一种直觉的感知;而在需要集中力量攻坚的地方,他却停步不前了。闵科夫斯基在他纪念勒热纳·狄利克雷的演讲中,将极小原理与他称之为真正的狄利克雷原理相比较:前者由威廉·汤姆森(William Thomson,即Lord Kelvin)首先系统地加以陈述并付诸五花八门的应用,但从黎曼开始,人们却给它加上了狄利克雷的名字;而后者则是这样的原则,即用最少的盲目计算,用最多的清晰思想来解决问题。他说,从这个原则开始,数学的历史进入了一个新的时代。

如以概念与直觉的理解为一方,计算与严格的逻辑演绎为另一方,它们之间真正的对立之处何在?理解一项数学内容的秘密又何在?某些认识论学派——我提出威廉·狄尔泰(Wilhelm Dilthey)的名字,主张把内省式的理解,即如hermeneutics(圣经解释学),作为历史研究与人文学科的正当基础,而自然科学则试图进行解释而不是去理解各种现象。在这里,名词"直觉,理解"笼罩着一层神秘的光环,显示它们自己的深奥与直接性。在数学中,我们喜欢以更清醒的头脑看待事物。我不打算对这里所涉及的心理行为做十分确切的描述,做这件事显然是困难的。但是我将乐意至少指出上述理解过程的一个决定性的特征。

为了理解复杂的数学内容,我们把所讨论的主体的各个方面自然地分割开来;通过较为狭隘与易于考察的一组概念,以及用这些概念系统陈述的各种事实,使每个方面都变得容易理解;最后把局部性结果按其正常的特定关系加以联合,从而回到整体上来。最后的综合步骤是纯机械性的。技巧在于第一步,即适当的分割与一般化这种分析步骤。最近几十年中,我们的数学老是沉溺于一般化与形式化。但是假如我们只是为了一般化而去寻求一般性,那么我们就误解了这种趋势。实际上,真正的目的是达到简明性:合乎自然的一般化能导致简化,因为它减少了应该考虑的假设。当然可能出现这样的情况,沿不同方向的一般化使我们从不同的角度去理解特定的具体情况。

于是,谈论某个特殊事实的什么真正的原因,什么真正的根源,就不免陷于武断和专横了。因为要说清楚什么是自然的分割与一般化不是容易的。关于这一点,除了看最后的效果外,没有其他的标准,也就是说,成就决定一切。按照上述程序去工作,单个的研究人员只能或者根据或明或暗的类比去行事,或者靠对本质性东西的天生洞察力决定取舍,后者是通过研究经验的积累而获得的。当事物达到系统化之后,上述做法的直接延伸就是搞公理体系。在现代,把复杂但较为具体的概念与事实分解为简单但是更一般和抽象的概念,引起了数学家们如此大的兴趣,所以,他们有时沉溺于一些廉价的一般化,即波利亚称之为靠稀释达到的一般化。这种一般化没有给数学增添实质性东西而只不过是用水冲淡了美味和富有营养的浓汤,如此而已。看来这也是人之常情。当然,这些蜕化变质现象并不能贬低公理化方法的基本正确性与重要性。

我青年时期在德国格丁根读数学,那时正是第一次世界大战之前,格丁根处于菲利克斯·克莱因-大卫·希尔伯特时代。把这两人对公理体系的态度做一比较将是有趣的。在克莱因创作的旺盛时期(当我 1904 年进格丁根大学时,这个时期已经过去),他的成就最典型的特征就是他能直觉地意识到各种不同领域之间的内在联系。很典型的是他那本关于二十面体的书;他把几何学、代数学、函数论与群论融合于多音的和谐之中。但是,出自本能,他在将各个部分孤立开进行研究时,却踌躇不前了。因此,他不喜欢把他理解事物的方式系统化为严密的公理体系;甚至在进行分析时,他一刻也不愿忘掉整体。只有一次,当他不得不用清楚易懂的解释来为他的关于非欧几何的立场进行辩护时,他才被逼退到公理化这种山穷水尽的地步。总的来说,他的思想方式妨碍他对公理化研究做出公正的评价。我记得有一次同他谈话时,他说:"假设我已解决了一个问题,我已越过一个栅栏或跳过了一条沟。于是你们公理论者就跑过来问:用一把椅子绑在你腿上,你还跳得过去吗?"

希尔伯特是多么不同呵!他是公理方法的斗士。我已经提到过他的《几何基础》。实际上,对他来说,公理化是科学思想中普遍的,而且是处于中心地位的那种方法。在苏黎世的一次演讲(1917 年)中,他说:"任何能成为科学思想追索的对象,一旦理论上成熟,就会处于公理方法的主宰之下,因而就间接地处在数学的主宰之下。"这就使我们想起康德的名言:"在知识的每个分支中,那里有多少数学,那里就有多少真正的科学。"在集合论的悖论动摇了古典数学基础之后,希尔伯特由于试图拯救它而走到了公理方法的极端,他用的是一种相容的形式化做法——他把有意义的数学命题变成无具体含义的公式。

用这些公式进行的演绎游戏是从作为公理的少数公式

开始的，然后按某种公理化规则进行下去。这里所关心的不再是用公式表示的符号化的陈述之真实性，而只不过是公式游戏本身是否相容了。希尔伯特对公理化方法发生兴趣，主要还在于它涉及知识的基础，以及数学以外的各种知识分支。但第一次世界大战后，代数(研究)中内在的公理化方法在他身边由埃米·诺特和她的学派发展了起来。在美国，这类研究部分先于埃米·诺特，部分是平行发展的。在法国，一群以尼古拉斯·布尔巴基名字著称的优秀青年数学家在综合精神的指导下，以一种格外系统的方式进行了这项工作①……

上面我说过，通过把复杂的数学事物分割成为许多部分，而每个部分又可用一套较为简单的公理加以考察，那么，它就变得可以驾驭了。这是公理化方法的一个方面。另一个方面乃是随着统一化而来的效率。一再出现这样的情况：一些从内在的、本来的意义下看是互相无关的理论，当你做一适当变换把一个领域用的基本术语变换为另一个领域所用的之后，其结果是这些理论可以用同样的公理来统率。用这种方法以及往往借公理化方法能带来的证明上惊人的简化，使数学变得更加统一了(虽然数学问题的多样性一直在增长)。没有这样的统一化，要进一步开拓我们这门科学的

① 在这里，外尔提到了几个很常见而简单的公理化结构。——原编者注

疆界,将非我们人力所能及。因为人脑只有有限的容量。几个数学分支趋于结合的这种倾向是现代数学发展的另一个引人注目的特点。

布尔巴基先生在上面提到的文章中是这样来谈这个问题的:"数学科学的内部进化(如果不管其外表如何),已经促使了这门科学的不同分支更加紧密地统一,以致创造出有点像中心核一样的东西,它比以前更有条理、更连贯了。"在稍后面一点,他对数学又做如下的描绘:"它像一座大城市,它的外围区域与郊区在不断地并以有点混乱的方式侵蚀着周围的土地,而中心部分则不时在重建,每次重建都是按照一种更为明确的构思和一种更宏大的规模来进行的,布满迷宫般小巷的旧市区拆毁了,从而让更笔直、更宽阔、更便利的林荫大道向四周辐射出去。"

像我以前承认的那样,在我看来,这样的描述,有点夸大了公理体系对建造与发展我们的科学所起的作用。我以为现在正是时候来把发生学的、或称构造的方法与公理化方法做一对照,并把它们结合起来,这样就到达这次演讲的正题上来了。不然的话,我的讲演将会给大家留下一个片面的印象。

对于数来说,发生学的观点似乎是自然适用的;因为数是为记录的目的而创造出来的符号。我们在一开始就简略地描述了自然数1,2,3,…的起源。由此,经简单的构造过程就在正整数以外导出了包括零与负数在内的整数;然后由整数导出了有理数;得到了有理数,人们就第一次达到了封闭的域。或许代数学曾有就此止步的倾向。但是希腊人发现有理数不够宽广,不足以准确地描述科学中出现的所有的度量。这就需要范围更大的实数域。构造性地过渡到全部实数的连续统,与前面一些步骤相比,是一桩更加重要的事,我敢这样大胆地说,甚至到了今天,在实数的构造性概念中所涉及的逻辑争论还没有完全澄清和解决。

自然数序列与实数连续统是涉及变化所及的范围的最重要的例子。这些变化的范围在某种意义上是先验地可考察的,因为它们是心智的自由创造。但是这些变化所包含的无穷不是对应着给定物的无穷而是可能物的无穷。不论在何处,只要数学被应用于科学(包括数学本身),我们都会遇到下述对象:1)变量。它们可能取的值属于可能性的范围,这是我们能牢牢把握着的,因为它来源于我们自己的自由的符号式构造;2)函数,或自由构造的映射(从一个变量的范围到另一个变量的范围上的映射)。拓扑学的重要性就来自这个事实:它试图以最一般的方式对这些基本对象做数学上的表述。

跟形成自然数的方式类似,我们的空间概念依赖于从构造的角度去掌握所有可能的空间。让我们考虑平面 E 中一块金属圆板。圆板上各点的位置可用在它上面画十字形标架的办法具体表示出来。但是,参照在圆板上画的两根坐标轴和一段标准长度,我们也可以在圆板以外的平面上,通过两个坐标的数值而给出能想象得到的位置。每个坐标值在先验构造出来的实数范围上变动。天文学就是按这种办法利用牢靠的地球作为测量星空的基地的。希腊人首次构作出由太阳照亮的地球和月球在太空中投下的阴影,从而解释了日食和月食,这是想象力的多么不可思议的伟绩啊!

我们用这种先验构造法把自然界的全部现象都置于定量分析之下。我认为定量这个词,如果人们能赋予它一定的含义,那么就应赋予上面这种广义的解释。伽利略和牛顿用现实中的某些特殊事物作为先验构造的材料,如被他们认为具有客观性的空间与时间,这些事物与他们所摈弃的、主观感觉的事物相对立。于是在他们的物理学中,几何图形扮演了重要的角色。或许你知道伽利略在《分析者》(Saggiatore)里说的话,他说,没有人能读懂自然界这本巨著,"除非他掌握了用来撰写它的密码,即几何图形以及图形之间必然的关系"。后来,我们认识到,从我们直接观察中提炼出来的事物,甚至包括空间与时间,谁也没有权利在我们认为的真正的客观世界里存活下去。于是,我们逐渐改变观念并最终采用了一种符号式的组合构造观点。

但是我想回到代数学的公理体系上来,以说明在代数学

中,构造性方法是如何与公理基础混合在一起的。设 a 是域(或环)中一个任意元素。我们来做它的倍数

$$1a=a,\ 2a=1a+a,\ 3a=2a+a,\cdots$$

对于任意的“乘数”v 就得到 va;这个乘数显然不是域中的一个元素,而是由构造性过程产生的无穷序列 1,2,3,…中的一个自然数。域有一个(唯一的)单位元素 e,对于每一个元素 a,使得 $ae=ea=a$。可能有一个乘数 v 使得 $ve=0$。于是对于每一个元素 a,也有 $va=v(ea)=(ve)a=0$。最小的具这种性质的 v 必定是一个素数。事实上,由因子分解 $v=v_1v_2$ 可得 $ve=(v_1e)(v_2e)=0$,这将导致方程 $v_1e=0$ 或 $v_2e=0$ 中的一个成立。据假设,两个 v_i 都不可能小于 v。因此,一个必须等于 v,而另一个等于 1。是故,要么单位元素 e 没有倍数,ve 等于零(特征为∞的域),要么有一个素数 π,使得 $\pi e=0$;于是,对于每一个元素 a,$\pi a=0$(素特征为 π 的域)。这就表明构造出来的数 1,2,3,…与它们的算术是如何进入“公理化的”数 a 的领域中去的。

代数学中另一个构造实例,已在前面提到过①,它是一个未定元 x 的 adjunction(附加):给定诸元素的一个任意环 P,未定元 x 的、系数在 P 中的多项式构成一个新环 $P[x]$。环中的“理想”是环中元素的这样一种子集:理想中两个元素之

① 在略去的那部分。——原编者注

差仍在这理想中，而且理想中的一个元素与环中的任一元素的积也是如此。理想的概念是算术可除性理论的基础。现在这里有一个极重要的深入一步的构造法，它把一个环 P 转变为另一个：令 w 是 P 中的一个理想，并把 P 中模 w 同余的任何两个元素 r_1，r_2(其差 r_2-r_1 属于 w)视为等同。这种等同化做法把 P 引到环 P_w 中去，这里 P_w 称为“模 w 剩余类的环”。例如，令 P 是整数环并令 w 由素数 P 的所有整数倍数所组成。我们的做法就把整数环带入一个仅由 p 个元素组成的环中去，这 p 个元素可由剩余 $0,1,\cdots,p-1$ 表示，这些剩余就是整数用 p 除后所留下的余数。我们可以直观地描绘这种做法：把一根做有距离为 1(整数)的等距标志的直线绕在周长为 p 的一个圆状物体上。可以证明，正因为 p 是素数，所以这个有限环还构成一个域。事实上，对于任何一个不能被 p 除尽的整数 a，存在一个整数 a'，使得 aa' 是模 p 同余 1 的。

关于构造性方法渗入公理体系之方式，拓扑学为我们提供了同样有趣的实例。但是，结束讲演的时间快要到了。我想，这几个代数学的例子一定能让你们理解我要在这次演讲中强调的论点：现代数学研究的很大部分，是建立在构造方法与公理方法的一种巧妙融合之上的。我们应当愿意去注意一下它们之间的交错关系。但是，下述的诱惑是巨大的，不是所有学者都抵制过的，它就是：只采用这两种观点之一作为纯正的、基本的数学思维方式，而让另一个只是处于从属的地位。1940 年在宾夕法尼亚大学二百周年纪念大会上关于同样问题的演讲中，我讲述了组合拓扑学的基础、而不是代数学的基础作为例证。同时，我把构造方法特别突出了出来[数学的思维方式(The Mathematical Way of Thinking, *Science*, 192:92, 437-444)]。说实话，我是喜欢倒向构造论那一边的。所以，我现在要花点气力才能朝着相反的方向，把公理体系置于构造方法之前。但是，看来正义感要求我这样做。

(贺霖译；袁向东校)

数学的思维方式①

数学家犹如法国人：无论你对他们讲什么，他们把它译成自己的语言，于是就成了全然不同的东西。

——歌德(Goethe)

纵然整个人生被说成只是一场梦，物质世界只是一个幻影，但我仍认为这个梦或幻影是十分真实的，如果很好地使用理智，我们决不会受其蒙骗。

——莱布尼茨(Leibniz)

所谓数学的思维方式，我首先是指数学用以渗入到研究外部世界的科学，例如物理学、化学、生物学、经济学等，甚至渗入到我们关于人类事务的日常思维活动中的那种推理形式；其次是数学家留给自己应用于自己领域中的推理形式。通过思维这一精神活动，我们试图来探知真理，同时有证据说明，也正是我们的精神活动带来了它自身的启迪。因此，

① 本文译自 James R. Newman 编《The World of Mathematics》第三卷，第 1832-1849 页。这是外尔 1940 年在美国宾夕法尼亚大学建校二百周年大会上的讲演。——译注

正如真理本身以及可证实的经验一样,思维活动也有其一致性和普遍性。细想我们自己内心深处的思维活动,既不能把它归结为可以机械地使用的一组规则,也不能把它分为互不相干的几个部分,如历史的、哲学的、数学的思维等。我们数学家不是有秘密思维模式的"三 K 党"。从表面上看它确实有一些特殊的技巧,并且有点与众不同,例如它跟在法庭上或在物理实验室中发现事实的方法是截然不同的。但是,你们不要期望我讲述数学的思维方式会比人们讲述(譬如说)民主的生活方式更为清楚。

几十年前,伟大的数学家 F. 克莱因领导的数学教育改革运动在德国引起了一场很大的骚动。这个运动所采用的口号是"用函数来思考"。改革者宣称:一般受教育者在数学课上应该学会的重要事情是用变量和函数来思考。函数描述一个变量 y 如何依赖于另一个变量 x,或者更一般地,它将一簇——即变元 x 的区域映到另一簇(或同一簇)。函数(或映象)的想法无疑是最基本的概念之一,它贯穿于数学理论和应用的每一场合。

我们的联邦所得税法按收入 x 确定应付的税额 y。它用了一个极其笨拙的办法,即是将 n 个线性函数拼起来,每一个线性函数在收入的一个区间或一段范围内成立。五千年以后的考古学家将把我们的一些所得税法规连同工程著作以及数学书等文物一起发掘出来,他可能会把年代定得早几个世纪,而且肯定会定在伽利略和韦达(Vieta)之前。韦达对引入相容的代数符号体系有贡献,伽利略发现了落体的平方定律,按此定律落体在真空中下降的距离 s 是下落所经时间 t 的二次函数:

$$s=\frac{1}{2}gt^2 \tag{1}$$

其中 g 是个常数,它在同一地点对所有物体都取相同的值。用这个公式,伽利略把物体真实运动所固有的自然规律转化成为先验构作的数学函数。这就是物理学在研究每一个现象时想做到的事情。这个定律远比我们的税收法要好。它由大自然设计而成,大自然在她设计时似乎很懂得数学的简洁与和谐。大自然明了清晰,绝不会像不知所云的所得税法和超额利润税收法那样,只有立法者和商会才弄得清楚。

在数学的推演中,我们从开始就遇到这些特殊的角色:

1)变量,如式(1)中的 t 和 s,它们的可能取值范围属于一个区域,在上面的例子中,这个取值范围是实数区域。这个区域我们可以完全地测定,因为它由我们随意构造而成;

2)这些变量的符号表示;

3)从一个变量 t 的区域到另一个变量 s 的区域的函数,或者说先验构作的映象。

式(1)中,时间是独立变量(kat exochen)。

在研究函数时，应该让独立变量取遍它的整个区域。关于自然界中量之间相互依赖关系的猜想，甚至在用经验验证之前，就可以采用考察独立变量是否遍历了整个区域来探其究竟。有时某些简单的极限情形会立即揭示某个猜想是站不住脚的。莱布尼茨在他的《连续性原理》中告诉我们，不要把静止看成是与运动相矛盾、相对立的，它只是运动的一个极限情况。用连续性来论证，他可以先验地驳斥笛卡儿提出的碰撞定律。马赫(Erut Mach)给出了这样的训示："在对特殊的情形得到了一个结论以后，我们便尽可能地逐渐修改这一情形的条件，并努力使结论以尽可能接近的方式保持原样。没有一个方法可以更可靠、更加省力地得出对所有自然现象的最简单的解释。"在对自然现象的分析中我们所讨论的大多数变量是像时间那样的连续变量。虽然顾名思义好像理应如此，但是变量这个数学概念却不仅仅限于这种情况。离散变量的最重要的例子是自然数(或整数)序列 1，2，3，…。例如任意整数 n 的因子个数就是离散变量 n 的一个函数。

在亚里士多德的逻辑中，人们通过揭示给定一事物的某些抽象的特性并摈弃其余的因素来达到从个别走向一般。因此只要两个事物有那些共同的抽象特性，它们就归于同一概念或属于同一类。这种描述性的分类——例如在植物学和动物学中对植物和动物的描述，用以处理实际存在的事物。人们可以说亚里士多德是依据实体和偶然性考虑问题的,而函数的想法却不同,它支配着许多数学概念的形成。以椭圆的观念为例,任何一个在 x-y 平面上的椭圆是由二次方程

$$ax^2+2bxy+cy^2=1$$

定义的点(x,y)的集合 E,其中系数 a,b,c 满足条件

$$a>0,c>0,ac-b^2>0$$

集合 E 依赖于系数 a,b,c;我们有一个函数 $E(a,b,c)$。当可变系数 a,b,c 取确定值时,它就给出一个特定的椭圆。从特定的椭圆过渡到一般的椭圆概念时,我们并不摈弃各特定椭圆之间的任何特殊的差异,而是让某些特征(这里用系数表示)变化于一个可先验考察的区域(这里用不等式来描述)。于是,这一概念扩充到了所有可能的情况,而不是所有实际存在的情况①。

从这些关于函数思想的初步说明出发,现在我要转向更为系统的讨论。数学因它总是以抽象的方式来讨论问题而弄得声名狼藉。其实这个坏名声只有一半是该当的。

确实,当大街上随便一个人学着用数学的思维方式思考

① 关于这一显著的差异,比较恩斯特·卡西勒尔(Ernst Cassirer)的"物质概念和函数概念(Substauzebegriff und Funktionsbegriff)"(1910)以及我的批判性评注"数学和自然科学的哲学(Philosophile der Mathematik und Naturwissenschaft)"(1923)第 111 页。

时，那么他首先遇到的困难就是必须学会更加直接地正视事物，必须摈弃对语言的信赖，学会更加具体地思考。只有这样，他才有能力来做第二步，即抽象这一步，此时直观的想法被符号的结构取而代之。

大约一个月以前，我和12岁的男孩彼得一起登山环游落基山(Rocky Mountain)国家公园的朗斯峰(Longs Peak)。彼得仰望着朗斯峰告诉我，他们已经修正了它的海拔高度，此峰现在高14 255英尺[①]，而不是去年(1939年)时的高度14 254英尺。我停了一会儿，自问："这孩子懂得这意味着什么吗?"我应该试着用苏格拉底式的询问来开导他。但是，我饶了他，让他免受折磨。当时我没有做解释，现在我来对你们说。海拔高度是指海平面以上的高度。朗斯峰下面并没有海洋，而在人们的观念中，已把实际的海平面一直延伸到了坚硬的大陆下面。但是人们怎么来构成这个理想的闭合表面(大地水准面，它与地球上的海洋表面相重合)？海洋表面如果是严格的球形，那么答案是清楚的，然而情况并非如此。此时，动力学前来解救我们了。在动力学上，海平面是恒定位势表面$\phi=\phi_0$；更确切地说，ϕ表示地球重力位势，从而ϕ在P，P'两点处的差就是：放入一个质量为1的小物体，将其从P点移到P'点处所做的功。所以用动力学方程$\phi=\phi_0$

① 1英尺=30.48厘米。——编注

来规定大地水准面最为合理。如果把 ϕ 的这个常数值定为海拔的零高度，那么最自然的方法就是用相应的 ϕ 的常数值来定义任意确定的海拔高度。因此，只要从 P 点飞到 P' 点获得能量，就称 P 峰比 P' 峰高。这样，高度的几何概念被位势或能量的动力学概念所替代。甚至对登山者彼得，这一点恐怕也是最重要的：即山峰越高，登山时所花的机械能就越大(假使其余情况均相同)。经过更加周密的考察，可以发现几乎在任何方面，位势都是一个有关的因素。例如，高度的气压测量法就是根据下面的事实而产生的：无论重力场的性质如何，在给定恒温的大气中，位势与大气压力的对数成正比。因此，一般地说大气压力表明位势而并不表明高度。任何人只要他已经知道地球是圆球形的，垂直方向不是空间内在的几何特征，而只是重力方向，那么他就容易理解为什么不得不放弃几何概念“高度”，而改用更实在的“位势”这个动力学的概念。当然，这与几何学是有联系的，在空间的一个足够小的区域中，可以认为其中的重力是一个恒量，而且能确定一个固定的垂直方向，位势差正比于沿这个方向测得的高度之差。当我问房间的天花板距离地板有多高时，高(或高度)是一个有明确含义的词。但当我们将这个词用于越来越大的区域中，描述山的相对高度时，它就逐渐失去了精确性。如果再把它扩大用于整个地球时，除非我们用位势这个动力学的概念来证明它，高(或高度)就成了一个模糊不清的概念。位势比高度更加具体明确,因为它产生于而且依赖于地球上的质量分布。

言语是危险的工具。为日常生活而创造的言语在通常的、有限的范围内,有它们的明确含义。但彼得与街上的那些人很容易把这些言语用到太大的范围中去,而根本不去考虑这些言语在此时实际上是否还有可靠确实的含义。在政治领域中,我们是这种言语巫术所造成的灾难性影响的见证人。在那里,所有言语的含义更加不明确,人类的热情常常淹没了理智的呼声。科学家必须拨开朦胧的言语的迷雾去得到具体的实在的宝石。在我看来经济科学特别难办,必须做出更大的努力才能实施这个原则。这个原则对所有的科学都是,或应该是相同的,但是物理学家和数学家一直在花大力气将其应用到教条主义抵抗得最强烈的那些最基本的概念上去,于是实施这个原则已成了他们的第二天性。例如在解释相对论时,首要的是必须始终不懈地排除像过去、现在、将来这些时间术语的教条观念,只要这些言语仍然遮盖着客观实际,我们就不能应用数学。

我们转而来谈相对论,用以说明在进行数学的分析之前应该做的第一个重要的准备——它是由“具体的思维”这一准则所引导的。过去、现在、将来这些词都是涉及时间的,但究其根本,我们发现有比时间更为本质的东西——宇宙的因果结构。事件发生于空间和时间之中,一个小范围的事件发生于一个空间-时间点(或称世界点,此地-此时点)。如果限于考虑在平面 E 上的事件,我们可以在以水平面 E 和刻画时间的垂直 t 轴的三维图形中用图解时间表来描述事件。一个世界点用这图形上的一点表示;一个小物体的运动用一根世界线表示;以世界点 O 为光源,发射速度为 c 的光的传播用以 O 为顶点的直立的直圆锥(光锥)表示。一个给定世界点 O(此地-此时点)的主动的将来包括所有那些事件,它们可以被发生在 O 点的事件所影响。而它的被动的过去由一切那样的世界点组成,从这些点出发的任何影响、任何讯息都可以达到 O(图 1)。处在此地-此时的我再也不能变更处在主动的将来以外的任何事情。处在此地-此时的我可以用直接观察或使用任何有关记录了解的全部事件必定位于被动的过去之内。我们以这样的因果意义来解释过去和将来这两个词,它们体现了非常真实和重要的东西——世界的因果结构。

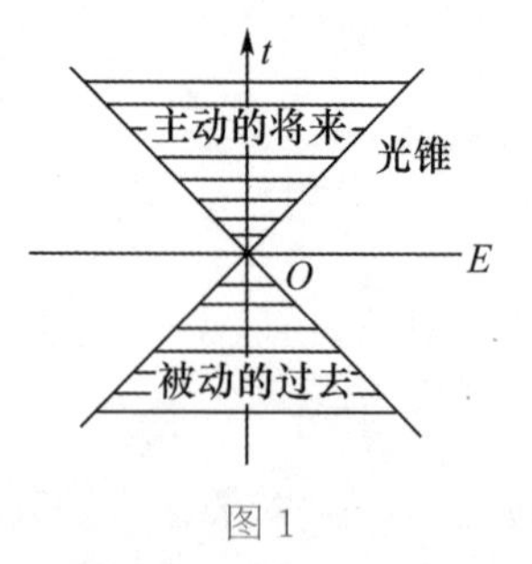

图 1

作为相对论基础的新发现是这样一个事实:不存在比光传播得更快的效应。因此,虽然我们以前相信主动的将来和被动的过去互相沿着现在横截面(通过 O 点的水平平面 $t=$ 恒量)接界,但是爱因斯坦告诉我们:主动的将来以向前光锥为界;被动的过去以向前光锥的向后延续部分为界;主动的将来和被动的过去由处于这些光锥之间的那一部分世界所分开,那一部分世界与处在此地-此时的我完全因果不相关。

相对论的最高积极意义的本质内容就是关于宇宙因果结构这一新的见解。通过对如下这样一个简单问题的各种解释,我总是很成功地使我的听众习惯于按因果结构而不是按他们已经习以为常的时间结构去思考。有两个人,比方说 Bill 在地球上,Bob 在天狼星上,问他们是不是同时代人,这是否指 Bill 能送信息给 Bob,或者 Bob 能送信息给 Bill,或者说 Bill 能和 Bob 用送信息和收到回答来建立通信联系,等等。但当我告诉他,因果结构不是一种按照 $t=$ 恒量的水平分层结构,主动的将来和被动的过去是相互之间有一裂隙的锥状体,有些人会朦胧地领悟到我所说的意思,而每一个诚实的听众会说:现在你画了张图,你用图来讲解,但是这个图解的比喻究竟能说明多少东西?它能表达哪些朴素的真理呢?我们的名作家和新闻记者在不得不论述物理学时,他们一味追求各种各样的比喻。不幸的是他们无法使读者弄清楚那些富有刺激性的类比究竟包含多少实际的内容,结果常常使读者迷惑有余而启迪不足。至于我们的情况,谁都必须承认我们的图解也只不过是一张画,但是当我们用纯粹的符号语言来描述我们画图画的直观空间时，那么，立即就能从这张图中导出符合实际的事实。于是，世界是一个四维连续统这句话，就从讲演的比喻说法变成为确凿无疑的正确论断。数学家正是在第二步转向抽象的，此时有一件最容易为外行人所不理解的事情：直觉的图像必须转化为一种符号构造。安德烈亚斯·施派泽（Andreas Speiser）说："数学先以它的几何构造，再以它的纯符号构造冲破了语言的桎梏，只要了解这一工作所需的巨大劳动以及它不断涌现的惊人成就，你就不得不承认在知识世界中，与现代语言的惨淡境地以及音乐的各自为政相比，当今数学要更加有为得多。"今天我将花主要的时间试着向诸位说明什么是符号构造的魔力。

为此，我必须从自然数（或整数）——我们用来数（shǔ）实体的数，这个最简单、从某种意义上来说最深刻的例子开始。我们在此使用的符号是一个接一个的横杠，那些实体可能会消散隐去，"耗散消融，化为乌有"，而我们记录下了它们的数目。什么是多，对使用这样的符号表示的两个数，我们能用一种构造性的方法来解决哪一个数为较大。亦即一个对一个地，一个横杠对一个横杠地加以比较。但是在直接的观察中，这种方法不能明显地显示差值。在绝大多数情况下，这种方法甚至不容易立即区别例如21和22这样的小数。我们对数学符号所显示的奇迹已经很为熟悉，因此不再会对其感到惊讶。然而上面这些只是揭开了所说的数学方法的序幕。

我们不只停留在这一步：碰到机会时去数客观实体的数目，而是构造出了所有可能的数的一个开序列，它从1(或0)开始，通过在已得的数字符号 n 上再加一个横划来得到下一个数字 n'。正如我以前经常说的那样，客观的存在就被投影到一个可能存在的背景上，或者更确切地说投影到一个可能性的流形上，这流形通过迭代展开一直延伸到无穷。无论给定什么数，我们总是认为可以递进到下一个数 n'。"数无止境"，这种"永远还有一个"的直觉，这种不断可以数下去的无穷的直觉乃是整个数学的基础。这给出了前面称作为可先验考察的变量变化范围的一个最简单的例子。根据这个用以生成正整数的方法，那些自变量在所有正整数 n 范围内变动的函数可以用所谓完全归纳法来定义。对所有的 n 都成立的论断也可用相同的方法加以证明。用归纳法来推理的原则如下：为了证明对所有的数 n 都具有某种性质 V，只要肯定两件事情就足够：

1)0 有这种性质；

2)如果 n 是任何一个具有性质 V 的数，那么其下一个数 n' 就具有性质 V。

用划横划写出数字符号 10^{12} 在实践上是不可能的，而且也是无用的。欧洲人称 10^{12} 为 a billion，而在我国①称之为

① 美国。——译注

a thousand billion。虽然我们的国防预算讲起来要耗资 10^{12} 美分以上,但是天文学家在用巨大数字方面比金融家走得更远。在七月的《纽约人》杂志上,有这样一幅漫画:夫妇俩在用早饭时看报,妻子迷惑失望地望着丈夫问道:“安德鲁,七千亿元是多少钱?”“夫人,这真是一个深奥而又严肃的问题!”我想指出只有用无穷我们才能说明这些数字的意义。12 是如下式子的一个缩写:

$$10^{12}=\overline{\overset{/}{10}\cdot\overset{/}{10}\cdot\overset{/}{10}\cdot\overset{/}{10}\cdot\overset{/}{10}\cdot\overset{/}{10}\cdot\overset{/}{10}\cdot\overset{/}{10}\cdot\overset{/}{10}\cdot\overset{/}{10}\cdot\overset{/}{10}\cdot\overset{/}{10}}$$

为了理解上式必须对所有 n 给出函数 $10\cdot n$ 的定义。这可以用完全归纳法通过下列定义得出:

$$10\cdot 0=0,$$

$$10\cdot n'=(10\cdot n)^{\prime\prime\prime\prime\prime\prime\prime\prime\prime\prime}。$$

这些撇“′”是表示加 10 的形象的符号,如前面所述每一个撇“′”表示过渡到紧接着的下一个数。印度文献,特别是佛教文献热衷于记录巨大数字的可能性,文献中使用印度人发现的十进位制记数法,那是加、乘积和乘方的一种组合。这里我也要提一下阿基米德的论文“关于沙粒计算”和卡斯纳(Kasner)教授在他最近的普及读物“数学和想象”中的大数。

我们的空间概念与自然数的情况相仿。它可以理解为一种包括一切可能位置的构造。让我们来考虑平面 E 上的一个金属圆面。圆面上的位置可以用在金属板上划小十字来具体地标记(in Concreto)。然而,对平面上圆面以外的位置我们也可以给出一种理想的标记,只要给出它们相对于划在板上的两根坐标轴用标准长度量出的两个坐标数值,每个坐标在先验确定的实数范围内变化。用这个方法,天文学将我们这个立体状的地球作为基点来了解星际空间。希腊人第一次构想出在太阳射出的光线中地球和月球投向空荡荡的宇宙间的影子,并因此解释了日食和月食。这是想象力的何等奇妙的伟绩!在分析一个连续统(例如空间)时,我们将用比坐标度量更为一般的方式,采用拓扑的观点来进行。因此,如果两个连续统可以通过连续变换从一个变到另一个,那么我们就说它们是相同的。以下的说明同时也是概要地介绍数学的一个重要分支:拓扑学。

在直线这个一维连续统上点的定位符号是实数。我喜欢考虑一个闭合的一维连续统——圆。关于连续统的最基本的命题是它可以剖分成部分。我们在该连续统上,通过加密一个剖分网格可以得到连续统的所有点。我们用无限地重复一种确定的剖分方法来加细这些网点。设 S 是圆的一个任意剖分,它将圆分成一些弧段,譬如说 l 个弧段。对 S 我们用正规子重分法:即它将每一段弧一分为二,得到新的剖分 S'。于是 S'的弧段数将为 $2l$。当按确定的方式(定向)绕圆运动,我们可以按遇到它们的先后次序用标记 0 和 1 来区分这两个分弧段。更确切地说,如果弧由符号 α 表示,那么

这两个分弧段记为 α_0 和 α_1。我们从把圆分成+和-两个弧段的剖分 S_0 开始，其中任何一个弧段在拓扑上是一个胞腔，也就是它与直线段等价；然后我们反复地进行正规子重分，从而得到 S_0'，S_0''，…，注意剖分的加细最终将把整个圆弄得粉碎。如果我们没有放弃使用度量的性质，我们可以规定正规子重分将每个弧段分割成为相等的两半。但是我们没有做这样的限定，因此这个方法在实际执行中可以有很大的任意性。然而，在剖分的每一步各部分互相邻接的组合图式，亦即执行剖分时所依据的组合图式是唯一的和完全确定的。数学只关心这种符号图式。按照我们的记号，对于在逐次剖分中所出现的分弧段，用如下类型的符号加以编目：+.011010001，+或-位于小数点之前，所有以后的位置由0或1占据。至此可见，我们得到了熟悉的二进位(不是十进位)小数的符号。点由逐次剖分中的弧段的无限序列来确定，每一个弧段由前一弧段的两个分弧段中择一得出，而它也将被下一个正规子重分分为两段。因此，这个点由一个无限二进位小数表示。

让我们试着对二维连续统，例如对球面或环面做一些类似的讨论。图形表明如何对两者皆可构造一个极为粗糙的网格，一个由两个网片组成，另一个由四个网片组成；即球面被赤道分成上下两半(图2)，环面由四个矩形密接在一起而成(图3)。这些网片是二维胞腔，简单地写成2-胞腔，它拓扑地等价于一个圆面。用组合的语言来描述也是采用引入剖分的顶点和棱边而加以简化的,顶点是 0-胞腔,而棱边是 1-胞腔。我们可赋予它们任意的符号,并对 2-胞腔用符号表明它以哪些 1-胞腔为边界;对 1-胞腔用符号表明它以哪些 0-胞腔为边界。至此,我们得到拓扑图式 S。

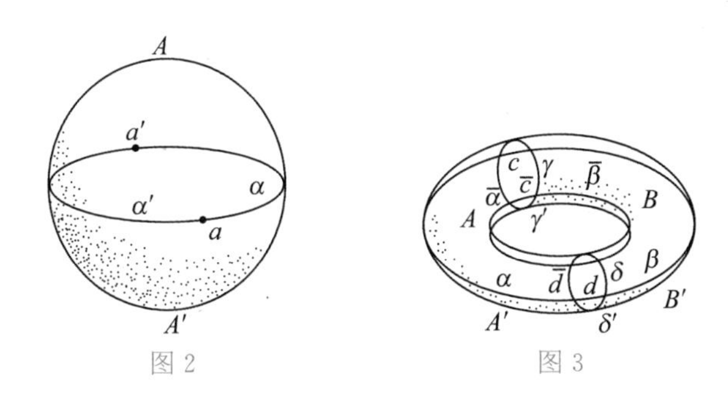

图 2　　　　图 3

我们的两个例子是:

球面:

$A \to \alpha, \alpha'$;$A' \to \alpha, \alpha'$。$\alpha \to a, a'$;$\alpha' \to a, a'$($\to$表示以……为边界)。

环面:

$A \to \alpha, \bar{\alpha}, \gamma, \delta$;　$A' \to \alpha, \bar{\alpha}, \gamma', \delta'$。

$B \to \beta, \bar{\beta}, \gamma, \delta$;　$B' \to \beta, \bar{\beta}, \gamma', \delta'$。

$\alpha \to c, d$;　$\bar{\alpha} \to \bar{c}, \bar{d}$。

$\beta \to c, d$;　$\bar{\beta} \to \bar{c}, \bar{d}$。

$\gamma \to c, \bar{c}$； $\gamma' \to c, \bar{c}$。

$\delta \to \alpha, \bar{\alpha}$； $\delta' \to \alpha, \bar{\alpha}$。

从这个初始状态开始，我们反复进行如下普遍适用的正规子重分：在每个1-胞腔 $\alpha = ab$ 中选择一点作为新的顶点 α，并将1-胞腔分成 αa 和 αb 两段；在每个2-胞腔 A 中，我们选择一点 A，用在2-胞腔中的直线连结新顶点 A 和边界1-胞腔上的新、旧顶点将胞腔分成若干个三角形。正如在初等几何中那样，我们用它们的顶点来标记三角形和它们的边。图4表示五边形子重分前后的情况；三角形 $A\beta c$ 以1-胞腔 $\beta c, A\beta, Ac$ 为边界，而1-胞腔，譬如说，Ac 以顶点 c 和 A 为边界。于是我们得到该过程的一般的纯符号的表示，子重分图式 S' 可以用这种表示法由给定的拓扑图式 S 导出。

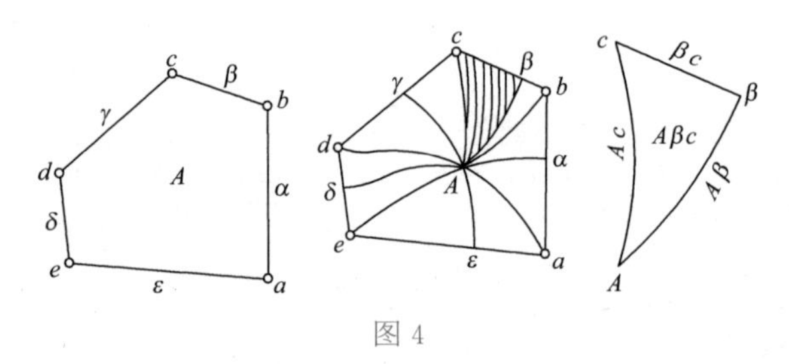

图4

任一符号 $e_2e_1e_0$ 代表 S' 中的2-胞腔 e'_2，它由 S 中的2-胞腔符号 e_2、1-胞腔符号 e_1 以及0-胞腔符号 e_0 组成。其中 e_2 以 e_1 为边界，e_1 以 e_0 为边界。这个 S' 中的2-胞腔 $e'_2 = e_2e_1e_0$ 是 S 中的2-胞腔 e_2 的一部分。对 S' 中那样一些胞腔，它们

是一给定胞腔的边界胞腔，那么它们的符号由在给定胞腔的符号中略去任一个组成字母得出。通过反复使用这个符号方法，便从初始图式 S_0 生成导出图式序列 $S'_0, S''_0, S'''_0, \cdots$。我们所做的只是对由逐次子重分所生成的各部分进行系统的编目。我们的连续统中的一点可以由序列

$$ee'e''\cdots \tag{2}$$

确定。它从 S_0 的 2-胞腔 e 开始，在图式 $S^{(n)}$ 的 2-胞腔 $e^{(n)}$ 之后是 $e^{(n+1)}$，它是用子重分法将 $e^{(n)}$ 分成属于 $S^{(n+1)}$ 的若干个 2-胞腔中的一个，（为了确实保证在一个连续统中各个组成部分的不可分离性，以上描述应稍做变动。但为眼下的目的，我们简化的描述已经足够）我们确信不仅每一点可以由这样的序列得出（Eudoxos），而且任意地构造出的此类序列总可以得出一个点（Dedekind，Cantor）。由这种构造可以立得极限、收敛和连续等基本概念。

现在我们来看数学抽象的决定性步骤：忘掉符号代表的是什么东西。数学家只关心符号本身，他像编目工作人员不关心他的目录符号代表什么书本一样，也并不关心其符号代表直观给出的流形的那一部分。但数学家却不是无可事事，由这些符号他可以在不必去管它们代表什么的情况下做很多运算。于是，他用符号（2）代替点，把给定的流形转化成一个符号构造，我们称之为拓扑空间$\{S_0\}$，用 S_0 来标记是因为它只基于图式 S_0。

细节是不重要的。重要的是一旦初始的有限符号图式 S_0 确定了，我们就只管用一种绝对死板的符号构造法从 S_0 导出 S_0'，然后从 S_0' 导出 S_0''，等等。迭代的想法首先出现于自然数，在这里它又起着决定性的作用。对一个给定的流形（例如球或环面）通过逐次剖分的方法构成符号图式，有很大的任意性。对它唯一的限制是要求网格的形状最终处处成为无限细。关于这一点以及与之紧密有关的要求：每一个2-胞腔有圆盘的拓扑结构，我们在这里无法细谈。但是数学家并不关心如何应用这个图式（或编目）于给定的流形，而只是关心图式本身，而它是没有半点含混之处的。后面我们将会看到即使是物理学家也不必太关心这种应用。我们之所以讲述了通过剖分从流形过渡到纯符号的表示只是为了启发的目的。

显然用同样的纯符号方法我们不仅可以构造1维、2维流形，而且也可以构造3维、4维、5维……流形。n 维图式 S_0 由若干个 $0,1,2,\cdots,n$-胞腔组成，对每个 i-胞腔 e_i（$i=1,2,\cdots,n$）伴随某些 $(i-1)$-胞腔，它们被称为 e_i 的边界。至于如何来进行正规子重分也是清楚的，某种这样的4-维图式可以用来描述事件即所有可能的此地-此时点。在空间和时间中变化的物理量是一个函数。其自变量在相应的用符号法构造成的4-维拓扑空间中变化。在这个意义下世界是一个4-维连续统。我们前面提到过的因果结构必将在这个4-维世界的介质中被构造出来，也即是用组成我们的拓扑空间的符号素材构造出来。顺便说一下，我们是有意用这样的拓扑观点的，因为只有这样我们的框架才能宽到足以同时包括狭义相对论和广义相对论。狭义相对论设想因果结构是几何的、刚性的、一成不变的东西，而在广义理论中它是可变的，以与电磁场相同的方式依赖于物质。

在研究自然界时，我们把现象归结为一些简单的基元，每一个基元在某个可能的区域内变化，这个区域我们可以先验地加以考察。因为它是我们用纯组合的方式从某种纯符号的素材先验地构造出来的。空间-时间点的流形是构成自然界的一个基元，它也许是最基本的基元。我们把光分解成为平面偏振单色光束，这些光束只有很少一些特性可以变化，例如其波长可以变化于用符号法构成的实数连续统之中。正是基于这种先验的构造，我们可论及自然界的定量分析。对于“定量的”这个词，既然我们可以赋予它某种含义，那么我相信应该在上述那种广泛的意义下去解释。现代技术的进展证明，科学的威力在于先验的符号构造与系统经验的结合，这种结合是以事先设计好的可重复的实验及对它们的测量来实现的。伽利略和牛顿使用像空间和时间那样一些他们认为是跟主观感觉（那是被他们所扬弃的）相对的客观事实作为进行先验构造的素材。因而几何图形在他们的物理学中起着重要的作用。你们可能知道伽利略在《分析者》(Saggiatore)中所说的话,他说无人能读懂大自然这本天书,“除非他掌握了用来撰写它的密码,即数学图形以及图形之间必然的关系。”后来我们知道我们直接观察到的那些事物,甚至包括空间和时间,无一能够生存于一个假托的客观世界中,因而我们逐渐地并最终地采用了纯符号的组合的构造。

一组物体能够毫不含糊地决定它们的个数,但是我们已经看到在一给定的流形上可用许多方式构成剖分图式 S_0 以及由它逐次导出的 $S'_0, S''_0, \cdots$,因而具有很大的任意性。然而,两组图式

$$S_0, S'_0, S'', \cdots 和 T_0, T'_0, T''_0, \cdots$$

是否描述同一流形的问题可以用纯数学的方法来决定:其充分和必要的条件是两个拓扑空间$\{S_0\}$和$\{T_0\}$可以用连续的一对一的变换从一个映到另一个。这个条件归根结底可以简单地说成两个图式 S_0 和 T_0 之间有一种所谓同构的关系。(顺便说一下,用有限的组合方法对两个有限的图式给出同构的准则是一个著名的未解决的数学问题。)在一个给定的连续统及其符号图式之间建立联系,不可避免地要采用同构这个概念。如果没有这个概念,如果不了解同构的图式正如平面几何中的合同图形那样可以认为是没有本质区别的,那么拓扑空间的数学概念将是不完全的。此外,必须精确地列出每个拓扑图式所必须满足的条件,例如,条件之一便是要

求每个 1-胞腔恰以两个 0-胞腔为边界。

现在我们可以稍为清楚地说明一下为什么物理学家对于到底用什么样的特殊方式将某种逐次剖分的组合图式应用到时空连续统(我们称之为世界)上去,差不多和数学家一样不感兴趣。当然,无论如何我们的理论构造必须与可观察的事实有联系。从历史上看,我们的理论通过带启发性的争论得以发展,它走过了漫长和迂回的道路,从经验到构造经历了许多步骤。但是,系统地陈述应该走另一条路:首先发展出一套理论,此时并不要逐个地用适当的物理量去定义在其中遇到的符号,例如空间-时间坐标、电磁场强度等;然后一气呵成地描述整个系统和可观察事实之间的联系。我能找到的最简单的例子是两星之间的观察角。用理论确定和预测这个角值所依据的在 4-维世界介质中的符号构造包括:1)两星之间的世界线;2)宇宙的因果结构;3)在观察的那个瞬时,观察者的世界位置以及他的世界线的方向。但是连续的变形,即整个图形的一对一连续变换并不影响这个角的值。同构的图形将对可观测的事件导出同样的结论,这就是最一般形式的相对性原理。从给定的流形上升到构造时的那种任意性,通过这个原理反过来在下降过程中表达了出来,这正是系统的陈述所应该遵循的原则。

至此,我们致力于刻画如何从给定的实际的原始材料提炼出数学构造来。现在让我们用一个地道的数学家的眼光来看看这些提炼出来的产品。一个是自然数序列，另一个是从一拓扑图式 S_0 出发通过逐次导出 $S_0, S_0', S_0'', \cdots$ 得到的拓扑空间$\{S_0\}$的一般概念。在这两种情况下，迭代是最具决定性的要素。因此我们的推理必须基于与构造自然数时那种完全明确的过程一致的论证，而不是基于三段论法之类任何形式的逻辑原理。从事建设性研究的数学家的任务并不是得出逻辑结论，事实上他的论证和命题仅仅是他的行动（他进行构造性研究）的伴随产品。例如，我们用交替地数偶、奇、偶、奇来遍历整数序列 $0,1,2,\cdots$，并注意到施行这种想进行多久就可以进行多久的归纳构造的可能性，便可以得出一般的算术命题：每个整数非偶即奇。除了迭代的观念（或整数序列的观念）以外，我们还常常用映象或函数的观念。例如，我们刚刚定义了一个函数 $\pi(n)$——称为奇偶性函数，其中 n 遍历所有的整数，按下面的归纳 π 可以取两个值：0（偶）和 1（奇）。

$\pi(0)=0$；

$\pi(n')=1$，　如果 $\pi(n)=0$；

$\pi(n')=0$，　如果 $\pi(n)=1$。

像拓扑图式那样的结构应借助于同构的概念来进行研究。例如当引入算子 τ，它将任何拓扑图式 S 映到拓扑图式 $\tau(S)$，我们将只注意满足如下条件的（或函数）τ：由 S 和 R 同构必然有 $\tau(S)$ 和 $\tau(R)$ 同构。

到现在为止我们强调了数学的构造性的特点。在我们实际研究着的数学中还有与之相竞争的非构造性的公理化方法。欧几里得(Euclid)的几何公理是经典的范例。阿基米德(Archimedes)以极大的聪明应用这个方法,后世的伽利略、惠更斯(Huyghens)在创立力学科学过程中也是如此。人们用很少的一些未加定义的基本概念来定义所有的概念,从一些与基本概念有关的基本命题——公理出发导出所有的命题。更早一些时候,学者们倾向于认为他们的公理应有先验的显然性,但是数学家对这个认识论方面的问题不感兴趣。根据形式逻辑原理特别是三段论法产生了演绎方法。在很长一段时间内,这种几何化的方法被认为是各种科学所应追求的理想。斯宾诺莎(Spinoza)曾试图将它用于伦理学。对于数学家来说,表达基本概念的词汇的含义是无关紧要的,任何解释只要在该种解释之下公理为真就行。于是这个学科的所有命题在这样的解释之下均成立,因为它们全都是公理的逻辑结果。因此,n-维欧几里得几何可以允许另一种解释:空间的点是在一个由 n 个支路组成的电路上的电流分布,这些支路在一些节点上相连结。例如,决定在有许多支路的网络中接入一个已知的电动势所导致的电流分布问题,对应于一点向一个线性子空间直交投影的几何结构问题。从这个立场来看,数学是用假设-演绎方式处理各种各样的关系,而不拘泥于对任何特殊的具体内容的解释。不必去管公理的真伪,而只管它们的相容性;确实,不相容性先验地排除找到适当的解释的可能性。在1870年,B.皮尔斯(B. Peirce)说过:"数学是得出必然结论的科学",这是一个流行了几十年的定义。我认为这种说法很少接触到数学的实质。现在你们看到我们正力图给出一个更加详尽的特性描述。以往的数学哲学家们对公理方式已经讨论得够多了,我没有必要再去进一步谈论它,尽管我的阐述因此会显得不那么平衡。

然而我想指出,自从公理法不再是方法论的一个热门课题以来,它的影响却已经从根部扩及到了数学这棵大树的一切枝杈。前面我们已经看到拓扑学将奠基于拓扑图式必须满足的足够充分的公理之上。一个已经渗透到数学所有领域的最简单、最基本的公理概念是群。现在充满着"域""环"等概念的代数学从头到脚都被公理的精神所浸透。如果时间允许我解释一下我刚才提到的那些伟大的字眼:群、域、环,我们的数学的面貌将会更加清晰。但是,我不想去说它,正如我没有过多地去谈拓扑图式的公理特性一样。然而,这些概念及其同宗已经使得现代的数学研究常常是构造性方法和公理方法的巧妙的混合。也许看到它们互相结合,我们应该感到满意。但是,人们很容易受这样一种看法的诱惑,即只有这两种观点中的一种才是数学思维的真正的基本的方式,而另一种只起着辅助的作用。确实,无论你赞成构造或者赞成公理,这种看法倒是始终行得通的。

让我们先来考虑第一种观点。数学根本上由构造所组成,找出一组组公理只是为了确定构造中所用的变量的范围。我想用我们的因果结构和拓扑学的例子把这句话稍稍解释一下。按照狭义相对论,因果结构是一成不变的,因而可以显明地构造出来。不仅如此,将它连同其拓扑介质一起构造出来也是合乎情理的,正如在进行正规子重分时将每段弧分成相等的两个部分就可以一起得出圆和它的度量结构。然而在广义相对论中,因果结构是可变的;它只须满足一些由经验得出的公理,而又允许公理有相当大的自由变动的余地。但是,理论通过建立一些自然定律而得以发展,这些定律把可变的因果结构与另外一些可变的物理实体(如质量分布、电磁场等)联系在一起。反过来,这些以可变的实体为变量的定律本身却是以显明的先验方式由理论构造出来的。相对论宇宙学想要知道宇宙作为一个整体时它的拓扑结构,例如是开的还是闭的,等等。当然拓扑结构不会像因果结构那样是可变的,但是在用经验的检验弄清楚现实世界究竟是哪一种拓扑结构之前,我们应该对所有可能的拓扑结构有一个全面的展望。为此,我们转向拓扑学,那里拓扑图式只受一些公理所限制,拓扑学家从任意拓扑图式导出其数量的特性,或者在拓扑图式之间建立一些普遍的联系。这再一次又是用显明的构造来实现的,而任意图式只是作为其中的变量。公理无论出现在哪里,归根结底它只是在显明地构造出来的函数关系中来描述变量的范围。

关于第一种观点就说这么多,我们进而讨论相反的观点,即构造从属于公理和演绎,数学由自由决定的相容的公理系统和它们的必然的结论所组成。在彻底的公理化数学中,构造只是从属地在构造例子时才出现,因而它成为纯理论及其应用之间的联系纽带。有时那样的例子只有一个,因为公理唯一地(至少在同构的意义下唯一)确定了它们的对象。这时将公理体系翻译成显明的结构的要求就显得特别迫切。更加意味深长的是如下的说明:公理系统虽然避开了构造数学对象,但是它却通过联合和反复使用一些逻辑规则来构造数学命题。确实,从给定的前提推得结论是用一些逻辑规则来进行的,这些逻辑规则从亚里士多德时代以来人们就一直在努力将它们完全地列举出来。因此就命题而言,公理化方法是货真价实的构造主义。在我们的时代,大卫·希尔伯特已经把公理化方法发展到了它的极点,在那里所有的数学命题——包括公理——都变成了一堆公式。演绎的游戏从公理开始按照规则进行,而毫不考虑那些式子的含义。这种数学游戏如同象棋游戏一样静默无言地进行着,只有在不得不解释或者传达规则时才用得着语言。当然任何关于进行游戏的可能性的争论——例如关于它的相容性问题的争论,还要通过语言这种媒介来进行,并且需要显明的证据。

至此我们看到显性的结构和使用公理的隐性定义之间的争论与数学的最终的基础有关。基于构造的显明的论证反对将亚里士多德的逻辑用于例如整数序列或者点的连续统那样一些无穷范畴中的存在性命题以及一般性命题。如果考虑涉及无穷的逻辑,那么即使对于最原始的过程,即从整数 n 向其下一个数 n' 的过渡($n \to n'$)也不可能实行适当的公理化。正如 K. 哥德尔(K. Gödel)已经指出,总有一些从构造看来是显然的算术命题,无论你怎样陈述公理,都不能从公理演绎导出;同时,公理在难以捉摸的构造无穷的沙场上肆意驰骋,完全超越了用显明的构造证据来判断的可能。我们毫不惊讶,自然界中处于孤立状态的事物会以它的不可穷尽性以及不完备性向我们的研究工作进行挑战。如同我们前面已经指出,正是出于完备性的考虑,物理学才将它得到的东西投影到可能性的背景上去。令人惊奇的倒是由智力本身创造的一种构造,即整数序列这个对构造性观念来说是最简单、最明白的产物,如果从公理的角度来看同样有着类似的含混和不足。然而这确是事实;它给显明性和数学之间的关系蒙上了一层飘忽不定的色彩。尽管(或者说因为)我们的眼光更加深邃并富有批评力,我们对于数学的最终基础比以往任何时候都更加没有把握。

我这次讲话的目的不是去说明数学的智力创造活动如何在微积分、几何、代数、物理学等诸多方面发挥作用,虽然那样讲能够描绘出更加引人入胜的画面。我是企图说清楚使那些分支得以发芽生长的源泉。我知道在一个小时的时间内只能略及它的皮毛。而如果去讨论其他别的领域，那么用简单的例喻便立即就能被理解。不幸的是论及数学思想时很少会出现这种情况。但是你们如果不能领会到下面这一点，那么我的讲演就完全失败了：数学尽管古老，但它绝不会因其日益增长的复杂性而注定会越来越僵化，相反它从其深深扎根的精神和自然的土壤中吸取营养，数学依然生气勃勃。

（倪焯群译；袁向东校）

拓扑和抽象代数：理解数学的两种途径[①]

我们通过一系列复杂的形式化的结论和计算，被动地接受数学真理时，并不感到十分惬意；这犹如盲人费力地、一步步地靠触觉摸索和感知自己所走的路。因此，我们首先想从总体上看看我们的目标和道路；我们想要理解证明的思想，即更深层的内涵。现代的数学证明跟现代的试验装置十分相像：朴素的基本原则被大量的技术细节所掩盖，以至几乎无从察觉。F. 克莱因在关于 19 世纪数学史的讲演中谈到黎曼时说：

无疑，每一种数学理论的拱顶石是有关它的所有的论断的令人信服的证明。无疑，数学中的罪过是超前了可信的证明。但是，数学长盛不衰的秘密在于有新的问题，在于预料到新的定理，使我们得到种种有价值的结论和联系。没有创新的观点，没有新的目标，数学可能很快在其逻辑证明的严

---

① 原题：Topology and abstract algebra as two roads of mathematical comprehension。译自：American Mathematical Monthly，1995，102(5)：453-460。本文是外尔 1931 年在瑞士大学预科教师协会举办的夏季学习班上的讲演。——译注

格性下枯竭;一旦实质性的东西消失,数学便开始停滞。在某种意义上,数学一直是由那样一些人推动前进的,他们与众不同的特点是善于直觉而不是严格证明。

克莱因本人的方法的要点就是直觉地洞察散布于各种原理中的内在的联络与关系。在某种程度上,他不善于高度集中的具体的逻辑推演。闵可夫斯基在纪念狄利克雷的演说中,比较了被德国人冠以狄利克雷名字的极小原理[实际上,汤姆森(W. Thomson)对该原理用得最多]和真正的狄利克雷原理:用最少的盲目计算和最多的深刻思想来征服难题。闵可夫斯基说,正是狄利克雷在数学历史上开创了新的时期。

要达到对数学事物的这种理解,有何秘诀?办法何在?近来,科学哲学的研究一直在试图比较什么是科学的解释(scientific explanation)和什么是理解(understanding),后者指一门作为文、史、哲学基础的阐释的艺术。这种哲学引入了直觉(intuition)和理解这两个词,它们带有某种神秘色彩,又具有深刻内涵和直接性(immediacy)。在数学中,我们当然喜欢更清醒和理智地看待各种事物。我无力在此讨论这些问题,精确地分析有关的智力活动对于我来说是太困难了。但是,至少我能从描述理解过程的许多特征中选出有明显的重要性的一种。人们往往用一种自然的方式将数学研究中的问题分解成各个不同的方面,使得每一个方面都能通过它本身的相对狭窄和易于审视的一组假设来探讨,然后,再对各种具有适当的特殊性的局部结果进行综合,从而返回到整个复杂的问题。最后的这步综合完全是机械的;第一步的分析,即进行适当的区分及一般化,才是伟大的艺术。最近几十年的数学十分钟情于一般化和形式化。不过,如果以为数学就是为了一般化而追求一般化,那是不符合真理的误解;数学中那种很自然的一般化,是通过减少假设的数目而进行简化,从而使我们能理解紊乱的整体中的某些方面。当然,朝不同方向的一般化有可能使我们理解一个特殊的具体问题的不同方面。于是,谈论一个问题的真实的基础、真正的源头时,就带有主观和武断的任意性。判断一种区分和相关的一般化是否是自然的唯一标准,也许就是看其成果是否丰硕。当一位熟练的和"有敏锐感知力"的研究者,针对某个研究主题,按照他的经验进行所有类比,将区分和一般化的过程系统化,我们便到达了某个公理体系;今天,公理化已不是一种澄清和深化基础的方法,而是从事具体数学研究的工具。

可以估计,近年来数学家埋头于一般化、形式化已达到这种程度,我们可以找到许多为一般化而一般化的既廉价又容易的工作。波利亚称这种工作为稀释,它并不增加实质性的数学财富,而非常像往汤里加水来延长饭局。这是退化而非进步。老年时的克莱因说:"在我看来,数学像一座在和平时期出售武器的商店。橱窗里摆满了精巧的、富于艺术性又极具杀伤力的奢侈品,使那些内行的鉴赏家兴奋不已。这些东西的起源和用途——射击,打败敌人——已隐匿到幕后,差一点被人遗忘了。”他的这份诉状也许不乏真理,但从整体上看,我们这一代人认为他对我们的工作的这种评价并不公正。

在我们这个时代,有两种理解的模式业已被证明是特别深刻和富于成果的。它们是拓扑和抽象代数。很大一部分数学带有这两种思维模式的印记。究其原因,不妨先来考查实数这一处于中心地位的概念。实数系就像罗马神话中的门神的头,它有朝向相反方向的两副面孔。一面是具有运算+和×及逆的域,另一面是个连续的流形。它的这两副面孔又是连在一起的,并无间断。一侧是数的代数面孔,另一侧则是数的拓扑面孔。由于现代公理体系头脑简单,(跟现代政治不同)不喜欢这种战争与和平的模棱两可的混合物,于是在两者之间制造了明显的裂痕。由关系>和<所表示的数的大小的概念,则成为居于代数和拓扑之间的一类关系。

对于连续统一体的研究,如果只限于探讨在任意连续形变或连续映射下保持不变的性质和差异,则属于纯拓扑的范围。此处的映射只需要能保证那些独特的性质不会丧失。于是,像球面那样的封闭性或像普通平面那样的开放性就成为曲面的拓扑性质。平面上的一个区域如果像圆的内部那样可被任何一次横切分割成几部分,则我们称它是单连通的。另一方面,一个环形带域就是双连通的,因为存在一种横切不能把它分割成部分,但是继而再任意做一次横切必将其分成部分。球面上任意一条闭曲线皆可经过连续变形收缩为一个点;而环形曲面上的闭曲线的情形就不然。空间中的两条闭曲线可以互相盘绕,也可以互不盘绕。这些都是属于具有拓扑性质或拓扑气息的例子。它们涉及跟几何图形的所有更精细的性质有基本差异的性质,是奠基于连续性这种单一的观念之上的。像度量性质这一连续流形的特殊性质与此风马牛不相及。其他有关拓扑性质的概念有:极限,点的序列收敛到一个点,邻域以及连续线等。

在极粗略地勾画了拓扑之后,我想简要地告诉大家抽象代数发展的动机。然后,我要用一个简单的例子说明,如何从拓扑的观点和抽象代数的观点来看待同一个研究课题。

纯代数学家对于数学所能做的一切在于用数做加、减、乘和除四种运算。如果一个数系是个域,即它在这些运算下封闭,那么代数学家就不能越出其领地了。最简单的域是有理数域。另一个例子是由形如 $a+b\sqrt{2}$ 这样的数所构成的域,其中 a 和 b 是有理数。众所周知的多项式不可约性的概念是与多项式的系数所属的域有关并且依赖于后者的。一

个系数在域 K 中的多项式 $f(x)$ 被称为在域 K 上不可约，如果它不能写成两个系数皆在 K 上的非常数的多项式的乘积 $f_1(x)\cdot f_2(x)$。求解线性方程组和借助欧几里得算法定出两个多项式的最大公因子等，可分别在方程组的系数或多项式的系数所属的域中实施。代数的经典问题是求代数方程 $f(x)=0$ 的解，其中 f 的系数属于域 K，比如说它是有理数域。若已知 θ 是该方程的根，则用 θ 和 K 中的数作四种代数运算后得到的数就都是可知的了。这些数构成一个域 $K(\theta)$，它包含了 K。在 $K(\theta)$ 中，θ 成为起决定作用的数，即 $K(\theta)$ 中所有其他的数都可由 θ 经有理运算导出。但 $K(\theta)$ 中有许多数，实际上是所有的数都可起到与 θ 相同的作用，因此，如果我们以研究域 $K(\theta)$ 来代替对方程 $f(x)=0$ 的研究将是一个突破。这样做我们可以略去一切无谓的细节，同时可以考虑对 $f(x)=0$ 使用奇恩豪森（Tschirnhausen）变换而得到的所有方程。数域的代数理论，首先是其算术理论，乃是数学中的卓越创造。从结果的丰富以及深度来看，那是最完美的创造。

代数中有一些域的元素不是数。单变量的或者说未定元 x 的多项式（系数在某个域中），在加、减和乘法下是封闭的，但在除法下则不然。这样的量构成的系统称作整环。考虑 x 是一个连续取值的变元这种想法不属于代数的范围；它仅仅是个未定元，一个空泛的符号，与多项式的系数结合成一个统一的表达式,使人们易于记住加法与乘法的规则。0也是一个多项式,它的所有系数都是0(它不是指对于变元x的所有值取值皆为0的多项式)。我们可以证明两个非零多项式的乘积$\neq 0$。代数的观点不排斥用我们所考虑的域中的元素a代换x的做法。当然,我们也可以用具有一个或多个未定元$y,z,\cdots$的多项式来代换x。这种代换是一种形式过程,它实现了从x的多项式整环$K[x]$到K或到整环$K[y,z,\cdots]$之上的忠实的投影。这里的“忠实”意味着应保持由加法和乘法所建立的各种关系。这是多项式的形式演算,是我们要教给中学里学代数的学生的。当我们做多项式的商,便得到了有理函数域,此时必须用同样的形式方法来讨论。注意,这个域中的元素不再是数而是函数。类似地,系数在K中并具有两个变元x,y或三个变元x,y,z的多项式和有理函数分别构成整环或域。

比较下列三个整环:整数环,系数为有理数的x的多项式环,系数为有理数的x和y的多项式环。欧几里得算法对前面两个环成立,因此我们有如下定理:如a,b是两个互素的元素,则在相应的环里有元素p,q,使得

$$1=p\cdot a+q\cdot b \qquad (*)$$

这意味着我们所论及的这两个环是唯一分解整环。定理(*)对两变元的多项式不成立。例如,$x-y$和$x+y$是两个互素的多项式,对任意选取的多项式$p(x,y)$和$q(x,y)$,多项

式 $p(x,y)(x-y)+q(x,y)(x+y)$ 的常数项都是 0 而不是 1。然而系数在某域中的两变元的多项式却同样构成唯一分解整环。这个例子道出了两者之间有趣的相似之处以及差别所在。

代数中还有另一种构作域的办法。它既不涉及数也不涉及函数,而是考虑同余(类)。设 p 是一整素数。如果两个数的差能被 p 整除,则我们将这两个数视为同一,或称它们是 mod p(模 p)同余(为了能"看见"同余的含义,不妨将一根线绕在周长为 p 的圆形物上试试),这样便得到了有 p 个元素的域。这种表示法在整个数论中是极为有用的。例如考虑下述有大量应用的高斯定理:如 $f(x)$ 和 $g(x)$ 是两个整系数的多项式,使得乘积 $f(x)\cdot g(x)$ 的所有系数都能被素数 p 整除,则 $f(x)$ 的全部系数或 $g(x)$ 的全部系数必被 p 整除。这恰是一个平凡的定理——两个多项式乘积为 0 仅当两因子之一为 0 时成立——对于刚描述过的系数域的应用。这个整环含有这种多项式,它本身不是 0,却在变量的所有取值处为 0;x^p-x 就是这种多项式,事实上由费马定理知

$$a^p-a\equiv 0(\text{mod } p)$$

柯西利用类似的方法构造复数。他将虚单位 i 作为一个未定元,讨论实系数的 i 的多项式模 i^2+1 的情形。如果两个多项式的差能被 i^2+1 所整除,他即认为它们相等。用这个方法,实际上不可解的方程 $i^2+1=0$ 就多少成为可解的了。注意

多项式 i^2+1 在实数上是不可约的。克罗内克(Kronecker)推广了柯西的做法。他设 K 是一个域,$p(x)$是 K 上的不可约多项式。系数在 K 中的多项式$f(x)$经mod $p(x)$后就构成了域(不仅仅是整环)。从代数观点看,这种做法完全等价于我们前面所描述的内容,并可以认为它就是通过在 K 上添加方程 $p(x)=0$的根 θ 而将 K 扩充为 $K(\theta)$。但这种做法确有优越性,即它涉及的是纯代数领域的事,并且避开了去解一个实际上在 K 上不可解的方程的要求。

很自然,这些发展会促进代数的纯公理化的过程。域是一个被称为数的对象的系统,它在被称为加法和乘法的两种运算下封闭,且满足通常的公理:两种运算都满足结合律和交换律,乘法对于加法满足分配律,两种运算都是唯一可逆的,分别导出减法和除法。如果将乘法可逆性公理去掉,则所产生的系统称为环。现在,“域”不再像以前只标示实数或复数连续统中的某个部分,而是一个独立自主的宇宙了。我们只能对同一域中的元素而不能对不同域中的元素做运算。在运算过程中,我们无须使用根据大小关系抽象得来的符号$<$和$>$。这类关系与代数毫不相干,抽象“数域”中的“数”是不受这种关系支配的。此时,分析中具同一性状的数的连续统,将被无限多样的结构不同的域所代替。前面我们所描述的添加一个未定元,以及将那些相对于某个固定的素元素同余的元素视为等同的做法,可被看作从给定环或域导出另外的环或域的两种构作模式。

在几何基本公理的基础上,我们也可以导出这种抽象数概念。让我们看平面射影几何的情形。单单由关联公理就可导出一个“数域”,它跟这种几何联系得十分自然。它的元素“数”是一种纯粹的几何要素——伸缩(dialation)。点和直线是该域中的“数”构成的三元组的比,分别为 $x_1 : x_2 : x_3$ 和 $u_1 : u_2 : u_3$,使得点 $x_1 : x_2 : x_3$ 位于直线 $u_1 : u_2 : u_3$ 上的关联性由下列方程表示:

$$x_1 u_1 + x_2 u_2 + x_3 u_3 = 0$$

反之,若利用这种代数表达式去定义几何术语,则每个抽象域导出与之对应的射影平面都满足关联公理。由此可见,对与射影平面相联系的数域要加的限制,不能从关联公理方面引出。此时,代数与几何之间的先天的和谐以最令人难忘的方式显现出来了。对于跟普通的实数连续统对应的几何数系,我们必须引入序公理及连续性公理,它们跟关联公理属于完全不同的类型。这样,我们便达到了对若干世纪以来支配数学发展的观念的逆转,这种逆转似乎最早起源于印度,并由阿拉伯学者传到西方:今日,我们已将数的概念作为几何的逻辑前提,因此我们进入了所有的量的王国,其中都耸立着普遍的、系统发展了的、独立于各种应用的数的概念。不过现在让我们回到希腊人的观念上来:每个学科都有一个与之相结合的内在的数的王国,它必须由该学科的内部导出。我们不仅在几何中,而且在量子物理中同样经历了这种逆转。根据量子物理学,对于跟特殊的物理结构相联系的物理量(不是依赖于不同状态可能取的数值),允许有加法和非交换的乘法,这样便得到一个内在的代数量的系统,它不能被看作实数系的一部分。

现在我要实现自己的许诺,举一个简单的例子,以说明分析学的拓扑模式与抽象代数模式间的相互关系。我考虑单变元 x 的代数函数理论。设 $K(x)$是 x 的有理函数域,其系数是任意的复数。设$f(z)$,或更确切地设 $f(z;x)$是 z 的 n 次多项式,其系数在 $K(x)$中。前面已说明这样的多项式在 $K(x)$上不可约。这是纯代数的概念。现构造一个由方程 $f(z;x)=0$ 决定的 n 值代数函数的黎曼曲面。它的 n 个叶展布在 x-平面上。为了能方便地将 x-平面通过球极平面射影映入 x-球面,我们在 x-平面上加上无穷远点。如球面一样,我们的黎曼曲面现在是闭的。多项式 f 的不可约性可由 $z(x)$的黎曼曲面的很简单的拓扑性质表现出来,即它的连通性:如果我们摇晃这个黎曼曲面的纸做的模型,它不会破裂分为几片。在这里你看到了纯代数与纯拓扑概念的吻合。两者实现了沿不同方向的一般化。不可约性这一代数概念仅仅依赖于这样的事实:多项式的系数在一个域中。特别地,$K(x)$可以换为 x 的有理函数域,其系数属于事先指定的域 K,后者用以代替所有复数构成的连续统。另一方面,从拓扑角度看,所论及的曲面是否是黎曼曲面,是否被赋予了一个共形结构,是否由有限多个展布在 x-平面上的叶组成等都无关紧要。两个对手中的每一位都可以指责对方只注意枝节而忽略了本质特征。谁对呢?像这样的一些问题,它们其实并不涉及事实本身,而只涉及看待事实的方式,而当它们激起人们的情绪时可能会导致敌意甚至流血事件。当然在数学中,后果不会如此严重。然而,黎曼的代数函数论的拓扑理论与魏尔斯特拉斯的更代数化的学派之间的对立,导致数学家分了派系,并几乎持续了一代人的时间。

魏尔斯特拉斯本人在给他的忠实弟子施瓦茨的信中写道:“对于我一直在研究的函数论的原理,我考虑得越多就越加强了我如下的信心,该理论必须建立在代数真理的基础之上。因此当情形反过来,(简单地说是)用‘超越物’[①]来建立简单的和基本的代数定理——用黎曼获得的许多发现来考虑代数函数的最重要的性质,那么不管初看起来多么有吸引力,其实并非是正确的方法。”这就把我们变成了单面人;拓扑的或代数的理解方式,没有哪一种能使我们承认它无条件地比另一种优越。我们不能对魏尔斯特拉斯表示宽容,因为他半途而废了。确实,他清晰地把函数构作成一种代数的模式,但却也使用了并没有在代数上加以分析,且在某种程度

① 超越物(transcendental):指超出一般经验的事物。此处是指黎曼的拓扑理论。——校注

上是代数学家难以理解的复数连续统作为系数。沿着魏尔斯特拉斯所遵循的方向所发展起来的占据统治地位的一般性理论,仍是一种抽象的数域及由代数方程所决定的扩张的理论。于是,这种代数函数理论的研究纳入了跟代数数理论具有共同的公理基础的研究方向。事实上,希尔伯特心目中的数域理论是(跟后者相联系的)一种类比,它所呈现的形态跟在黎曼用他的拓扑方法发现的代数函数王国中的事物一样(当然,当要做出证明时,这种类比就毫无用处了)。

我们的"不可约-连通"的例子,从另一方面看也十分典型。跟代数的准则相比,拓扑的准则是何等的直观、简明和易懂(摇晃纸模型,观察有无纸片落下!)。连续统所具备的基本的直观特性(我想在直观方面它比 1 和自然数更具优越性),使得拓扑方法特别适用于数学中的发现及概要性研究,但遇到需要严格的证明时,也会遇到困难。它跟直观联系紧密,而在驾驭逻辑时就会碰到麻烦。魏尔斯特拉斯、M. 诺特(M. Noether)及其他一些人宁可使用麻烦的但感觉更可靠的直接的代数构造方法,而不喜欢黎曼的超越的拓扑论证,其理由就在于此。现在,抽象代数正一步步地整理着那些笨拙的计算。一般性的假设及公理化迫使人们抛弃盲目的计算,并将复杂的事物分为简单的部分,每部分都可以用简明的推理来处理。于是,代数就成为公理体系的富庶之乡。

我必须对拓扑方法再说几句话,以免给人一种笼统含混的印象。当一个连续统(比如二维闭流形、曲面等)成为数学研究的对象,那么我们必须将它再剖分为有限多个“基本片”来讨论,每一个片的拓扑性质跟圆盘一样。这些片又可以按照一种固定的模式重复地进行再剖分。因此,连续统的一个特别之处是总能被在无限剖分过程中出现的无穷多套碎片进行更精细的截割。在一维情形,对基本线段重复进行的“正规剖分”是一分为二。对二维情形,首先将每一条边都分为两半,于是曲面上的每一片都可通过曲面中从任意中心引向(新或老的)顶点的线分成若干三角形。要证明一个片是基本的,只要证明它可通过这种重复剖分过程而分为任意小的片。最开始进行的剖分为基本片的模式(下面简称为“骨架”),通过给面、边和顶点标以符号来表示最为恰当。这样就规定了这些要素相互间的界限关系。随着连续进行的剖分,流形可以看作由密度不断增大的坐标网张成的,这种坐标网可以通过无限的符号序列来确定各个点,该符号序列起到了跟数相类似的作用。这里的实数以并向量分数(dyadic fraction)的特殊形式出现,用于刻画开的一维连续统的剖分。此外,我们可以说每个连续统都有它自己的算术模式;通过参照开的一维连续统的特殊剖分模式而引入的数值坐标违背了事物的自然属性,它的唯一好处是当数的连续统具有了四种运算后,在实际计算时十分方便。对于现实的连续统,对其剖分的了解没有精确的数量概念;当剖分过程一步步地进行时,人们必须想象前一次的剖分所确定的边界应是被清晰地确定了的。同样,对于现实的连续统,本应是无限的剖分过程实际上只能终止于某一确定的阶段。但从具体的认识角度考虑,现实的连续统的局部化、组合模式、算术零形式(the arithmetical nullform)都是事先就确定为无限的过程;数学单独研究这种组合模式。由于对最初的拓扑骨架连续地剖分是按照固定模式进行的,所以必定有可能获悉从最初的骨架导出的新生的流形的全部拓扑性质。原则上,这意味着必定有可能去研究作为有限组合的拓扑学。对拓扑学而言,终极的元素,这些原子,在某种意义上是骨架中的基本部分,而不是相关的连续流形中的点。特别地,给定两个这样的骨架,我们必定能决定它们是否导出共点流形。换句话说,我们必定能够决定是否可以将它们视为同一个流形的剖分。

从代数方程 $f(z;x)=0$ 到黎曼曲面的这种转换,在代数中的相似物是从该方程到由函数 $z(x)$ 确定的域的转换。之所以如此,是由于该黎曼曲面不仅很好地被函数 $z(x)$,而且也被这个域中所有的代数函数所占有。最能反映黎曼的函数理论的特征的是逆问题:给定一个黎曼曲面,构作出它的代数函数域。这问题恰好总有一个解。因为黎曼曲面上的每一个点 $\wp$,都位于 x-平面的一个确定点的上方,所以目前所做成的黎曼曲面是嵌在 x-平面上的。下一步是对这种

$\mathcal{P}\to x$ 的嵌入关系进行抽象。结果,黎曼曲面变成了可以说是自由浮动的曲面,它具有一种共形结构和一种角测度(an angle measure)。注意,在通常的曲面论中,我们必须学会区分下列两种情形:一是将曲面看成由特殊类型的元素,即它的点构成的连续的结构;另一是将曲面以一种连续的方式嵌入3维空间,曲面上每个点 $\mathcal{P}$ 与空间中的点 P($\mathcal{P}$ 所占据的位置)相对应。在黎曼曲面的情形,仅有的差别是黎曼曲面与嵌入的平面有相同的维数。对于嵌入进行抽象,从代数的角度看是在任意双有理变换下的不变性。进入拓扑王国,我们则必须忽略自由浮动的黎曼曲面上的共形结构。继续比较下去,我们可以说黎曼曲面的共形结构等价于通常曲面的距离结构。通常的曲面指由第一基本形式决定的,或是仿射和射影微分几何中分别具有仿射和射影结构的曲面。在实数连续统中,代数的运算+和·反映了它的结构的面貌;在连续群中,将元素的有序对与它们的乘积相对应的规律起着类似的作用。以上评论可能会提高我们对不同方法之间的关系的鉴赏力。这涉及一个排座次的问题,看把哪方面的问题作为最基本的问题。在拓扑中,我们从连续的连通概念开始,然后在更专门的课程中渐渐加上相关结构的特征等内容。在代数中,这个次序在某种意义上被颠倒过来了。代数将运算看作所有数学思维的发端,在专门化的最后阶段也容许涉及连续性,或者说涉及连续性在代数中的某个代用品。

这两种方法遵循的方向是相对的,没人会对它们不能融洽相处感到奇怪。一方认为是最容易接触到的东西,对另一方常常是隐藏在最深处的。最近几年里,在连续群表示论中使用了线性变换。我对于同时要为两个主人服务有多么困难是感触颇深的。像代数函数这种经典理论能够做到适合于用这两种观点来观察,但从这两种观点出发看到的是完全不同的景象。

在做了一般性的评注后,我想用两个简单的例子说明在代数和拓扑中所建立的不同类型的概念。拓扑方法极富成果的经典例子是黎曼的代数函数及其积分的理论。作为一种拓扑曲面,黎曼曲面只用一个量来刻画,即它的连通数或亏格 p。球面的 $p=0$,环面的 $p=1$。从描述拓扑性质的数 p 在黎曼曲面的函数论中所起的决定作用可知,将拓扑置于函数论之前是多么的明智与合理。我选列几个显眼的定理:曲面上处处正则的微分的线性无关数是 p。曲面上微分的全阶数(零点数与极点数之差)是 $2p-2$。若我们在曲面上选定多于 p 个的任意点,则恰存在一个曲面上的单值函数,在选定的点处可能有单阶极点,而在其他处全是正则的。若选定的极点数恰是 p,那么如果这些点在一般位置上,则上述结论不再正确。这个问题的确切答案由黎曼-罗赫(Roch)定理给出,该定理中的黎曼曲面由数 p 决定。如果我们考虑曲面上除去在一个点 $\wp$ 处有极点外处处正则的函数,那么极点的阶可能是所有的数 1,2,3,…,只要除去 p 的某些幂次[魏尔斯特拉斯间隙定理(gap theorem)]。不难看出很多这样的例子。亏格 p 在整个黎曼曲面的函数理论中无处不在。每走一步都要遇见它,其作用是直接的,无须复杂的计算,它的拓扑意义也是易于理解的(假定我们一劳永逸地将汤姆森-狄利克雷原理当作函数论的基本原理)。

柯西积分定理首次提供了让拓扑进入函数论的机会。一个解析函数在一闭路径上积分为 0,仅当含有此闭路径且是该解析函数的定义域的区域是单连通时成立。让我们用这个例子来说明如何将函数论中的事物“拓扑化”。若 $f(z)$ 是解析的,则积分 $\int_\gamma f(z)\mathrm{d}z$ 对于每一条曲线 γ 对应一个数 $F(\gamma)$,它满足

$$F(\gamma_1+\gamma_2)=F(\gamma_1)+F(\gamma_2) \tag{+}$$

$\gamma_1+\gamma_2$ 表示一条曲线,使得 γ_2 的起点与 γ_1 的终点重合。函数方程(+)标志着 $F(\gamma)$ 是加性路径函数。而且,每点有一个邻域,使对该邻域中的每个闭路径 γ 有 $F(\gamma)=0$。我将把具有这些性质的路径函数称为拓扑积分,或简称积分。事实上,所有这些概念都要有一个假定,即要给定一个连续流形以便能在上面画曲线;这就是积分的解析概念的拓扑精髓。积分可以相加或用数来乘。柯西积分定理的拓扑方面是说,在单连通流形上的积分同调于 0(不仅在小范围,而且也在大

范围成立),即在流形的每个闭曲线 γ 上 $F(\gamma)=0$。由此,我们可以看明白“单连通”的定义。(柯西积分定理的)函数论方面说,一个解析函数的积分按照我们的术语是所谓的拓扑积分。连通性的阶的定义(我们正打算要解释的东西)由此引入是十分合适的。在一闭曲面上的积分 $F_1,F_2,\cdots,F_n$ 称为线性无关的,如果它们不能使如下同调关系成立:

$$c_1F_1+c_2F_2+\cdots+c_nF_n\sim 0$$

其中常系数 c_i 不是平凡的,即不全为 0。曲面的连通性的阶即是最大的线性无关积分的数目。对于闭双侧曲面,连通性的阶 h 永远等于偶数 $2p$,p 是其亏格。从积分间的同调我们可达到闭路径之间的同调概念。下述的路径同调

$$n_1\gamma_1+n_2\gamma_2+\cdots+n_r\gamma_r\sim 0$$

是说:对每个积分 F,我们都有等式

$$n_1F(\gamma_1)+n_2F(\gamma_2)+\cdots+n_rF(\gamma_r)=0$$

当我们再回过头来看拓扑骨架——它将曲面剖分为基本片并用基本片构成的离散链代替路径上的连续的点链,则我们可得到连通性的阶 h 用数 s,k,e 表示的式子,其中 s 为基本片数,k 为边数,e 为顶点数。我们所论及的表达式是著名的欧拉多面体公式:$h=k-(e+s)+2$。反之,如果我们以拓扑骨架作为出发点,则我们的推理就导出这样的结果:以片数、边数、顶点数的组合式表达的 h 是一个拓扑不变量,即对于

"等价"的骨架,它们具有相同的 h 值,两个骨架等价意指它们只是同一流形的不同的剖分。

当考虑在函数论中的应用时,使用汤姆森-狄利克雷原理就可能将拓扑积分"领会"成一个在黎曼曲面上处处正则-解析的微分的具体积分。人们会说,所有构造性的工作都由拓扑方面去做了;而拓扑结果借助于万有变换原理(狄利克雷原理)又可以用函数论方式加以领会。在某种意义下,这与解析几何很相似。在解析几何中,所有的构造性的工作都在数的王国中进行,然后,借助寄居于坐标概念中的变换法则,从几何角度"领会"所得的结果。

这一切在单值化理论上表现得更完美,该理论在整个函数论中起了中心作用。但是在这里,我倾向于指出另一个大概跟你们中许多人更接近的应用。我所想的是枚举几何,它研究的内容是确定一个代数关系构造中的交点、奇点等的数目。舒伯特(Schubert)和措伊腾(Zeuthen)把它搞成一种很一般的但极少有可靠论证的系统。在莱夫谢茨(Lefschetz)和范·德·瓦尔登(von der Waerden)的努力下,拓扑在引入无例外成立的重数定义及同样是无例外成立的各种法则方面,取得了决定性的成功。对于一个双侧面上的两条曲线,在交点处一条曲线可以从左向右或从右向左地穿过另一条。这些交点必须用加上权+1或-1来标识每一次穿越,于是,相交的权的总和(可能是正数也可能是负数)在曲线的任意连续形变下是个不变量;事实上,当曲线用与其同调的曲线代替时,它仍保持不变。因此,有可能通过拓扑的有限组合手段把握这个数,并得到明晰的一般公式。实际上,两条代数曲线是通过解析映射嵌入在实四维空间中的两个闭黎曼曲面。但是在代数几何中,交点是按正的重数计算的,而在拓扑中人们是在穿越的意义下考虑的。所以,用拓扑方法可以重新解代数方程是令人吃惊的。我们可以这样来解释,对于解析流形的情形,穿越永远在同样的含义下发生。如果在 x_1, x_2-平面的两条曲线在它们的交点附近由函数 $x_1=x_1(s)$, $x_2=x_2(s)$ 和 $x_1=x_1^*(t)$, $x_2=x_2^*(t)$ 表示,那么表示第一条曲线交了第二条的权 ± 1 的符号取法由下列雅可比(Jacobi)式(在交点处计算出的值)的符号决定:

$$\begin{vmatrix} \frac{\mathrm{d}x_1}{\mathrm{d}s} & \frac{\mathrm{d}x_2}{\mathrm{d}s} \\ \frac{\mathrm{d}x_1^*}{\mathrm{d}t} & \frac{\mathrm{d}x_2^*}{\mathrm{d}t} \end{vmatrix} = \frac{\partial(x_1, x_2)}{\partial(x, t)}$$

在复代数“曲线”的情形,这个判别法永远给出 $+1$。确实,设 z_1, z_2 是平面的复坐标,s, t 分别是两“曲线”的复坐标。z_1 和 z_2 的实部与虚部起了平面上实坐标的作用。我们可取 z_1, $\bar{z}_1, z_2, \bar{z}_2$ 代替它们。这时,决定穿越的性质的判别式为

$$\frac{\partial(z_1, \bar{z}_1, z_2, \bar{z}_2)}{\partial(s, \bar{s}, t, \bar{t})} = \frac{\partial(z_1, z_2)}{\partial(s, t)} \cdot \frac{\partial(\bar{z}_1, \bar{z}_2)}{\partial(\bar{s}, \bar{t})} = \left| \frac{\partial(z_1, z_2)}{\partial(s, t)} \right|^2$$

故它恒为正。注意,关于代数曲线之间的对应的胡尔维茨

(Hurwitz)理论能同样地导出其纯拓扑的内核。

在抽象代数方面,我将只强调一个基本概念,即理想的概念。如果我们使用代数方法,那么代数流形是在一个以 x, y 和 z 为复笛卡儿坐标的三维空间中,由下述几个联立方程给出:

$$f_1(x,y,z)=0,\cdots,f_n(x,y,z)=0$$

f_i 是多项式。对于曲线的情形,只要两个方程就足够了。流形上的点不仅使 f_i 为 0,而且也使形如

$$f=A_1f_1+\cdots+A_nf_n \quad (A_i\text{ 是多项式}) \qquad (**)$$

的多项式为 0。这样的多项式,在多项式环中构成“理想”。戴德金(Dedekind)定义一个给定环中的理想是一个数系,由环中那些在加、减法和环元素的乘法下封闭的元素组成的系。就我们的目的而言,这一概念的范围并不太广。理由是:根据希尔伯特基底定理,多项式环的每个理想具有有限基;在理想中存在有限个多项式 $f_1,\cdots,f_n$,使得理想中每一个多项式都可以用形式(* *)表出。于是,研究代数流形归结为研究理想。在代数曲面上,存在点和代数曲线。后者由若干理想所表示,这些理想乃是所考虑的理想的除子。马克斯·诺特的基本定理所讨论的问题是关于这样一些理想的,其零点流形只由有限多个点构成;该定理并依据在这些点处的性质来刻画这种理想中的多项式。此定理很容易利用将理想分解为素理想的方法导出。埃米·诺特(Emmy

Noether)的研究表明,由戴德金在代数数域理论中首次引入的理想这一概念,如阿里亚特纳(Ariadne)①的线球一样,将代数及算术的全部内容连在一起。范·德·瓦尔登能用理想论的代数手段来论证枚举演算的合理性。

如果在任一抽象数域而非复数连续统中考虑问题,那么此时代数基本定理就不一定成立。该定理断言,每个单复变量多项式可[唯一]分解为线性因子。因此,在代数研究中有一种习惯:看看一个证明是否用了代数基本定理。在每一种代数理论中,有一些属于更基本的部分,它与基本定理无关,因此在所有的域中都成立;而对一些高深的部分,基本定理则是不可或缺的。后者就需要有域的代数闭包。在大多数情形下,基本定理标志着一种起决定作用的分界线;只要有可能就应该避免使用它。为建立在任意域中都成立的定理,将一个域嵌入到一个较大的域中的做法常常是有用的。特别地,有可能将任一域嵌入一个代数闭域中。有个众所周知的例子是证明一个实多项式在实数范围可分解为线性或二次因子。为了证明它,我们添加一个 i 到实数中,这样便嵌入复数的代数域中了。这种方法在拓扑中有一个类比,用于对流形的研究与特性刻画;在曲面情形,这种类比在于应用

① 希腊神话中的人物,克里特国王米诺斯的女儿。曾教她所爱的人用一线球,将一端拴在迷宫入口处,然后放线深入迷宫,杀死怪物又安全走出迷宫。——译注

覆盖曲面。

在当代,我们的兴趣的中心是非交换代数,在其中人们不再假定乘法是可交换的。它是因数学的具体需要而兴起的。算子的合成就是一类非交换的运算。有一个独特的例子,我们将考虑多变元函数$f(x_1,x_2,\cdots,x_n)$的对称性质。我们可以用任一置换s作用于f,f的对称性则用一个或几个如下形式的方程表示:

$$\sum_{s} a(s)\cdot sf=0$$

这里,$a(s)$代表跟置换有关的数值系数。这些系数属于一个给定的域K。$\sum_{s} a(s)\cdot s$是“对称算子”。这些算子可以用数来乘,可以做加和乘。“乘”即相继地作用,它的运算的结果依赖于“因子”的次序。因为对称算子的加法和乘法满足所有形式的运算规则,所以构成一个“非交换环”(超复数系)。理想概念在非交换的领域中仍然起主导作用。近年来,对群及其用线性变换表示方面的研究几乎完全被交换环论所同化。我们的例子说明,$n!$ 个置换s的乘法群怎样被扩充为由量$\sum_{s} a(s)\cdot s$组成的结合环,其中除了乘法外,容许有加法和数乘。量子物理已经给非交换代数以强有力的推动。可惜,我不能在这里给出建立一种抽象的代数理论的艺术的例子。这种艺术总是要建立正确的一般的概念,诸如域、理想等;要将一个断言分解为几步来证明(比如断言“A 蕴含着 B”或记作 $A \to B$,可分解为 $A \to C, C \to D, D \to B$ 等几步);还要将这些局部的断言用一般性的概念加以适当的一般化。一旦主要的断言被分为几个部分,非本质的因素被抛在一边,那么每一部分的证明就不会太难,这已是一条规则了。

迄今为止,只要出现了适用的拓扑方法,它会比代数方法更有效。抽象代数还没有产生过能跟黎曼用拓扑方法得到的成就相媲美的成果。也没有人顺着代数路径达到像克莱因、庞加莱和克贝(P. Koebe)用拓扑的方法所达到的单值化研究的巅峰①。有些争论问题要到将来才能回答。但我不想对你们隐瞒数学家们日益增长的一种感觉,即抽象方法的富有成效的成果已接近枯竭。事实上,漂亮的一般性的概念不可能从天而降。实际情形是:开始时总是一些确定的具体问题,它们具有整体的复杂性,研究者必定是靠蛮力来征服它们的。这时,主张公理化的人来了,他们说要进这扇大门本不必打破它还碰伤了双手,而只要造一把如此这般的魔钥匙,就能轻轻地启开这扇门,就好像它是自动地打开一样。然而,他们之所以能造出这把钥匙,完全是因为那次成功的破门而入使他们能前前后后、里里外外地研究这把锁。在我们能够进行一般化、形式化和公理化之前,必须首先存在数

① 请注意此演说的年代是1931年。此后的发展情况未必如此。——译注

学的实质性内容。我认为过去几十年中,我们赖以进行形式化的数学实质内容已经用得差不多了,几近枯竭!我预言下一代人在数学方面将面临一个严峻的时代。

这篇演讲的唯一目的是想让听众感受一下现代数学的本质部分所处的知识环境。对于想做更深入了解的人,我建议你读几本书。抽象的公理化代数的真正开创者是戴德金和克罗内克。在我们这个时代,在推动该方向的研究中起决定作用的是 E. 施坦尼茨(E. Steinitz),E. 诺特及其学派,以及 E. 阿廷(E. Artin)。拓扑学第一次重大的进步出现在 19 世纪中叶,那是黎曼的函数论;更近期的进展主要跟庞加莱的位置分析(analysis situs)研究(1895—1904)有关。我要提出的书是:

参考文献

[1] 代数方面:Steinitz,Algebraic Theory of Fields,该文初见于 Crelles Journal(1910)。1930 年,其平装版本由 R. Baer 和 H. Hasse 出版;而普通版本由 W. de Gruyter 出版社发行。

H. Hasse,Higher algebra Ⅰ,Ⅱ。Sammlung Göschen 1926/27。

B. v. d. Waerden,Modern algebra Ⅰ,Ⅱ。Springer 1930/31.

[2] 拓扑方面:H. Weyl,The Idea of a Riemann Surface,second ed。Teubner 1923。

O. Veblen, Analysis Situs, second ed.,以及 S. Lefschetz,Topology.

这两本书收入了下列丛书:Colloquium Publications of the American Mathematical Society,New York 1931 and 1930。

[3] F. Klein,History of Mathematics in the 19th Century, Springer 1926。

(本文译、校过程中,何育赞教授、戴新生教授对译文提出了有益的建议,特此致谢。)

(冯绪宁译;袁向东校)

《空间—时间—物质》一书的导言[①]

空间和时间通常被认为是现实世界的存在形式,物质则是它们的本质。确定的物质部分在确定的时间段占据确定的空间位置。在运动这个复合概念中,上述三个基本概念产生了密切的联系。笛卡儿(Descartes)把严格的科学的目标定义为致力于描述与这三个基本概念有关的所有事件,即称为运动。自从人类的思想从蒙昧中觉醒且得以纵情想象之后,便从未停止去感知时间的深奥神秘的本质,以及客观世界的演化-感知变化。这是纯粹哲学的终极问题之一。在任何一个历史时期,哲学家们都在努力试图阐明这个问题。古希腊人将空间,这一科学的主体物质,理解为极度简单和明确的东西。因此,在古典时期人们的思想中产生了纯科学的概念。几何学成了对于那个时代具有影响力的先贤们最有力的表达方式。在后来的时期,当笼罩整个中世纪的基督教的思想专制被粉碎,当怀疑论的浪潮威胁着要横扫所有原来

① 《空间—时间—物质》一书于1918年以德文出版。1950年第一个英文版问世。本文是根据英文版译出的该书的导言。——译注

看似十分肯定的事物时,几何学成为信仰真理的人们的思想基石,将自己的科学“更加几何化”是每一个科学家的最高信念。物质被认为是涉及所有变化的实质,物质的每一部分都被认为是可以作为一个量来测量的。物质守恒定律则被认为是描述物质的“实体”特征的,它断言:在任何一个变化过程中,物质的总量恒定不变。这个定律迄今为止仍然代表了我们对于空间和物质的认识,并且长期被哲学家们称为放之四海皆准的“先验”知识。然而现在这条定律的结构开始动摇。首先,法拉第(Faraday)和麦克斯韦(Maxwell)时代的物理学家提出了与“物质”相对照的“电磁场”作为一个不同范畴的事实存在。随后,在19世纪,数学家们沿着不同的思维路线,逐渐神秘地破坏了对于欧氏几何学的信仰。现在,在我们的时代,出现了一个大震动,空间、时间和物质这几个自然科学最坚实的支柱已经被彻底动摇。但这只是为了给具有更广阔视角,并带来更深刻观念的想法提供舞台。

这次革命从根本上讲是由一个人的思想推动的,即阿尔伯特·爱因斯坦(Albert Einstein)。在现在来看,基本思想的提出似乎已经得出了一个确定的结论。然而,无论我们是否已经面对事物的新情况,都迫使我们对这些新想法进行仔细地分析,但这并不意味着可能发生倒退。科学思想的发展会再次带我们超越目前的成就,倒退回到狭隘的旧的框架里去是绝不可能的。

对这里给出的问题，哲学、数学和物理学已经各有涉猎。然而我们首先考虑的是这些问题中所涉及的数学和物理方面，我只会轻微触及哲学方面的影响，原因很简单，因为在这个方向上还没有最终的结论。而且，就我个人而言，我还不能就所涉及的有关认识论的问题给出我内心所允许的此类答案。本书想要得出的观点并非旨在提出一些物理学基础的纯理论的研究结果，而是旨在将这些观点发展并运用到解决具体物理问题的普遍过程中——这些具体的物理问题产生于科学的高速发展，而科学，就如同其过去一样，突破了自身的旧壳，现在却变得十分狭隘。基本原理的修正只会在稍迟一些时间发生，且这种修正也只是在新形成的想法的必然的限度之内。就当今的事态而言，没有剩下什么选择，但是不同分科的科学会沿着各自的既定的路线前行，也就是说，不同分科的科学会忠诚地在适合于各自的特殊方法和特定局限的理性指引的道路上前进。将哲学的光明带进这些问题当中是一个很重要的工作，因为哲学与各个单独学科是大相径庭的。在这一点上，哲学家必须运用他的判断力。如果他坚持考虑由这些问题固有的困难所界定的边界线，他有可能指引(但是一定不能妨碍)那些研究领域局限于具体客体领域的科学的发展。

不过我将会从一些哲学特点的反思开始。作为日常生活中进行普通活动的人类，我们发现我们通过感知行为面对物质体。我们将它们归结于“真实”存在，我们通过诸如成分、形状、颜色等方面来一般性地认识它们，这样，因为它们“一般性”地出现在我们的感觉里，就排除了可能的幻觉、幻象、梦和幻影。

这些物质体浸没于一种表象，并由表象所传达，这种表象具有不定的轮廓，是模拟现实的表象，这些模拟现实集结形成一个我自身归属于它的单一的永远存在的空间世界。让我们在这里只考虑那些物质对象，而不考虑所有其他不同范畴的事物，诸如作为普通人我们所要面对的事物：活的动物、人、日常用品、价值观，再如国家、权力、语言等这类实体。对于我们每一个人，当他的思想进入抽象的思维，当他第一次开始怀疑那种如我所指的幼稚的现实主义的世界观时，便可能会开始哲学的反思。

很容易就可以看出，如“绿色”这种性质，只有在由感知给出的和一个物体有关的“绿色”的感觉相关联才会存在，但是将“绿色”本身作为一个事物与某个独立存在的具体事物相联系是毫无意义的。这种对于感觉的主观性的认识是由伽利略(Galilei)、笛卡儿和霍布斯(Hobbes)创立的，并且形式上与我们现代物理学的构造性数学方法的原理紧密联系，而这种原理是否定对“性质”的讨论的。根据这一原理，颜色是以太(aether)“真实的”振动，也就是运动。在哲学领域里，康德(Kant)是第一个向以下观点迈出决定性一步的人，他认为感觉不仅揭示了性质,而且从绝对感觉来说,空间和空间特征也不具备客观意义。换句话说,空间也仅是我们感觉的一种形式。在物理学领域,大概只有相对论明确指出时间和空间这两种我们直觉的基础,在用数学物理方法所构造的世界中没有它们的位置。颜色由此不再是"真实的"以太振动,而仅仅是一系列四种独立参数的数学函数的值,这四个独立参数对应于三维空间和一维时间。

作为一种一般原理,这意味着真实世界和它的每一个构成部分以及其相应的特征都是,并且也只能是意识行为的意向客体(intentional object)。我获得的直接数据是以我接受它们的形式下的意识经验,而这些意识经验并不是如实证主义者所设想的那样仅仅只由纯粹的诸如"感受"这样的东西构成。但是我们可以说,对于一种感觉,例如一个物体实际上是物理地呈现在我的面前——那种感觉是与我相关联的——但却是以所有的人所熟知的方式与我相关联的。然而,既然它是一种特征,便不能被描述得更加详尽。依据布伦塔诺(Brentano)的说法,我叫它"意向客体"。例如,为体验感觉,我看见这把椅子,我的注意力全部集中于它。我"有"这个感觉,但是只有当我根据这个具有新的内在感知的意向客体依次做出这个感知时(一种自由的映像活动使我能够做到这一点),我才会"知道"有关它的一些情况(不仅仅单独指这把椅子),同时我才会精确地确定以上我所做出的陈述。

在第二个行为中,意向客体是内在固有的,也就是说,像这个行为本身一样,这个意向客体是我的经验溪流中的真实的组成部分,而在初级的感知活动中,客体是超验的,即它只是一个意识的体验,但不是它的一个真实部分。内在固有的东西是绝对的,也就是说,它是精确地以我拥有它的形式存在,并且我可以用映像活动把它的本质约化并使得其理自明。另一方面,超验的客体只有唯像的存在性(phenomenal existence);它们是外观,是以表象和表象的各个"层次"的方式来体现自身。根据我的立场和阐述的条件,一片树叶看似具有这样或那样的形状,或者是具有这样或那样的颜色,但是没有一种外观模式可以声称其代表了"作为叶子本身"的这片叶子。此外,在每个感知中,毫无疑问都会涉及其中出现的客体的真实性的论题;而后者,实际上是这个世界的普遍真实性论题的一个确定的永恒的元素。然而,当我们从自然的观点过渡到哲学的态度来思考感知时,我们不再赞成这个命题。我们只是简单地断言真实事物是"假设"为真实。这样一个假设的意义变成一个必须用意识的信息来解决的问题。此外,我们必须找出一个合理的根据以便做出这个假设。我并不想借此暗示一种观点,认为世界上的事件只不过是由自我而制造出来的感觉的游戏,具有比天真的实证主义更高级别的真理性;相反,我们只关注并清楚地看到,如果我们去理解真实性假设的绝对意义及其合理性,意识信息是我们可以开始的起点。在逻辑学领域，我们有类似的情况。我宣称的一个判断，肯定了一组条件，它认为这些条件为真。在这里，有关真实性命题的意义和理论依据的哲学问题又出现了；在这里，客观真实性不是被否定，而是成为一个要从所给予的绝对事物中来领会的问题。“纯粹意识”在哲学上占有先验的位置。另一方面，真实性命题的哲学检验必须而且也会给出一个结论，即这些感知、记忆等行为，虽然它们代表了我以此来攫取真实的体验，但是任何这些行为都不能给出一个确定的理由，以此依据去认为这个被感知的客体就如其被感知的那样是真实存在的，而且是如此构成的，这样的理由总是能够被由其他感知等所确立的理由所改写。

真实事物的本质就是它的内容是不可穷尽的；但是我们可以通过持续增加的新经验，通过将这些貌似相悖的新经验相互融合达到和谐，从而获得对这个内容更深层的理解。以这种诠释，真实世界的事物为近似概念，由此产生了我们所有关于真实事物的认识的经验特征。

时间是意识溪流的原始形式，虽然对此我们有些困惑难解。但事实上，意识的内容并不是简单地如其存在的那样体现自身（如概念、数字等），而是作为现实存在，具有一种持久的形式却有不断变化的内容。因此我们不能说这是，而应该说现在这是，而且现在不再出现。如果我们置身于意识的溪流之外并且将其内容表示为一个客体，它就成为发生在时间中的一个事件，事件的不同阶段相互之间代表着先和后的关系。

正如时间是意识溪流的形式，我们可以合理地声称空间是外部物质现实的形式。所有物质事物的特征，如它们在外部感知的活动中被体现的那样，都被赋予了空间延伸的分离性，但是仅当我们利用我们的经验来构造一个单一的连通的真实世界时，空间延伸，作为每一种感知的组成部分，才成为一个包罗万象的空间的一部分。因此空间是外部世界的形式。也就是说，任何物质都可以在不改变成分的情况下在空间内占据一个与现时的它不同的位置。由此我们立即得出空间的均质特性，而这个特性是全等概念的基础。

现在，如果意识世界与超验现实世界完全不同，或者这样说，若只有被动的感知活动作为桥梁架在这两个世界的鸿沟之间，事件的状态就会保持在如我描述的那样，即一方面感知以一种现时永恒的形式随时间变化，但没有空间；另一方面，物质实在是空间延展的，但没有时间，其中前者具有的是变化的外观。在所有感知之前，我们会有尝试和对照的体验，会有主动和被动的体验。对一个过着自然生活的人来说，感知发挥首要的作用，在意识之前，标明其想做的行为的明确的攻击点，同时标明行为的对立面。作为行为的执行人和承受人，我是一个单一个体，其精神实在依附于一具在外部世界的物质事物中占有一个空间位置的肉体，并且通过这个肉体,与其他类似的个体交流。意识,不放弃它的固有特性,就成为实在的一部分,就成为这个特定的人,即我自己,他已出生并且将会死亡。另外,作为一种结果,意识以时间的形式,在实在之中扩散它的网络。变化、运动、时间的流逝、变成为什么或停止作为,这些都存在于时间自身之中。正如我的意愿,作为一个动力,借助并超越我的身体作用于外部世界,因此外部世界在这种作用下是活动的(德语中的"wirklichleit"一词,真实,来源于"wirken"=行动,显示)。它的现象是通过一种因果性的连接来相互联系。事实上,物理学证明宇宙的时间和物理形式不可能彼此分离。由相对论对于这种时间和空间的混合问题给出的新的解释,为世界中活动的和谐性带来了更深刻的认识。

我们即将给出的论据的主线已经很清楚地列出了。还需要分别讨论的有关时间,以及从数学上和概念上对其进行理解的内容,会包含在这篇简介中。我们需要以更大的尺度来处理空间问题。第一章致力于讨论欧氏空间和它的数学结构。第二章将发展一些驱使我们超越欧氏空间的想法。这一点将使度量连续的广义的空间概念达到顶峰(黎曼的空间概念)。紧接着,第三章将会讨论前面涉及的世界中时间和空间相混合的问题。从这一点开始,力学和物理学的结论会有很重要的作用,因为这个问题就其最终本质而言,如上所描述的那样,是作为一个活动的实体进入我们的世界观的。由第二、三章中的想法所构筑的结果会在最后的第四章中把我们引入爱因斯坦的广义相对论，从而从物理学的角度导致新的引力理论。同时第四章还会对不仅包含引力，还包含电磁现象的引力理论进行拓展。这一次对于我们的时间和空间的概念的革命，当然会对物质的概念产生影响。由此，所有有关物质的内容会在第三、四章中给予适当的处理。

为了能够将数学概念应用于时间问题，我们必须假设理论上可以在时间上确定任何精确时序，确立一个绝对精确的“现在”作为一个时间点，也就是说，能够标明在时间点中，其中一点“在先”，另外一点“在后”。以下的原则对于“时序”关系成立。如果 A 在 B 之前并且 B 在 C 之前，则 A 在 C 之前。每两个时间点，A 和 B，都确立了一个时间段，其中 A 在 B 之前。这个时间段包含所有晚于 A 而早于 B 的时间点。时间是我们经验溪流的一种形式这一事实是以“等量”来表述的：在时间段 AB 中的经验内容可以毫无改变地被置于其他时间，而所占有的时间段的长度与 AB 相等。这一点再加上因果原理就在物理中给予了我们等长时间段的客观标准。如果一个绝对孤立的物理系统（其不受外界的影响）精确地再次恢复到前一时间曾经处于的同样的状态，那么同样的状态将在后续时间重复发生，并且整个事件序列构成一个循环。通常这样的系统被称为“时钟”。每一次循环的周期的持续是等长的。

利用“测量”从数学上确定时间要基于以下两个关系，即“较早(或较晚)的时间”和“相等的时间”。测量的性质可以如下简单地说明：时间是均质的，即一个单独的时间点，只有是单独地明确指定的，才能被定义。源于时间的广义本质的固有的特性不是仅由某一个时间点导致的，或者说，每一个可以从以上两个基本关系导出的性质，或者对每个时间点都成立，或者对每个时间点都不成立。同样的性质对于时间段和时间点对也成立。基于这两个基本关系所导出的性质，如果对于一对时间点成立，则一定对于所有的时间点对 AB 成立(其中 A 先于 B)。然而在三个时间点的情况下，差异出现了。如果给定任意两个时间点 O 和 E，其中 O 在 E 之前，在概念上我们可以利用时间段 OE 的单位距离来更进一步确定一个时间点 P。通过逻辑构造这三点间的关系 t，这样，对于每一对时间点 O 和 E(其中 O 在前，E 在后)，就有一个且唯一的一点 P 满足三点 O、E 和 P 之间的关系 t，用符号表示为

$$OP = t.OE$$

(例如 $OP = 2.OE$ 表示 $OE = EP$)。“数字”仅仅是一种简明的、用来表示在基本关系中用逻辑方法定义的、用来表示此种关系 t 的符号。P 是“在以 t 为横轴的坐标系内的时间点(单位长度为 OE)”。在同一个坐标系下，不同的数字 t 和 t^* 必然对应于不同的时间点；否则，由于连续时间段的均质性，这个性质可以表达为

$$t.AB=t^{*}.AB$$

鉴于这个性质对于时间长度 $AB=OE$ 成立，那么它就应该对于每个时间长度成立。所以等式 $AC=t.AB$，$AC=t^{*}.AB$ 两者描述的是同样的关系，即 t 一定会等于 t^{*} 。数字使我们可以通过概念化的，因此是客观而精确的过程，从时间连续体中选出独立的、相对于单位距离 OE 的时间点来。但是这种通过排除了自我以及排除了从直觉直接派生出来的数据而得到的事物的客观性并不完全令人满意。这种仅通过某个个体行为来明确的坐标系仍然是剔除感知成分的不可避免的有待解决的问题。

对我来说，通过公式将测量原则用以上各项表示出来，我们可以清楚地看出数学是如何在纯自然科学中发挥作用的。“测量的一个基本特点是介于通过个别说明而得出的对一个物体的测定，以及通过某些概念化的方法得出的对同一个物体的测定之间的差别。”后者的方法仅适用于那些必须直接定义的客体。只对于那些必须直接定义的客体才是可能的。这也就是为什么“相对论”总是必然要涉及测量。对于事物的一个任意领域，它提出的一般性问题如下：(1)必须给出什么概念，使我们在连续延拓的领域中选出一个单独的任意的客体 P 能以任意希望的精度与这个概念相关？那些必须给出的东西称为“坐标系”，概念性的定义称为 P 在坐标系中的“坐标”(或{abscissa})。两个不同的坐标系从客观的角度看是完全平等的。没有一种概念上能够确定的性质，是适用于一个坐标系而不适用于另一个；因为，如果是这样的话，那么要直接给定的东西就太多了。(2)同一个任意的客体 P 在两个不同的坐标系中的坐标间的关系是怎样的？

在我们现在正在研究的时间点的世界中，对于上面第一个问题的回答是坐标系由时间段 OE（给定原点和测量的单位长度）构成。对于上述第二个问题的回答所要求的关系可以用如下变换的公式表述：

$$t=at'+b \quad (a>0)$$

其中 a 和 b 为常数，t 和 t' 是同一个任意点 P 分别在两个不同的坐标系，即不带撇的“坐标系”和带撇的“坐标系”中的坐标。对于任何可能的两个坐标系，标志它们之间的变换的特征数 a 和 b 可以取为任意实数，唯一的要求是 $a>0$。由这些变换的性质可知，所有这些变换的总和构成一个“群”，即：

(1)包含“单位元”。

(2)每个变换在群中均存在逆变换，即每个变换都存在能抵消其效用的变换，由此，变换 (a, b) 的逆变换为 $\left(\frac{1}{a}, -\frac{b}{a}\right)$，即 $t'=\frac{1}{a}t-\frac{b}{a}$。

(3)群中任给两个变换，它们的复合变换也在群中。显而易见，连续做这两个变换：

$$t=at'+b,\quad t'=a't''+b'$$

我们有

$$t=a_1t''+b_1$$

其中 $a_1=aa'$,$b_1=(ab')+b$;而且当 a、a' 均大于零时,显然它们的积 a_1 也大于零。

在第三章和第四章中讨论的相对论提出了相对性的问题,不仅涉及时间点,而且涉及整个物理世界。我们发现,只要在世界的两个形式——空间和时间的条件下,找到解决的办法,那么这个问题就可以解决。通过选取一个时间和空间的坐标系后,我们可以原则上用数字确定物质世界的所有真实内容。

所有的开端都是不清楚的。由于数学家们是沿着严格而又正统的路线去进行概念的操作,他,首要的是,必须时常提醒自己——事物的根源总是在比用他的方法所能达到的深度要深得多的地方。在单个科学学科所获得的知识之上,还有一项理解的任务。尽管哲学观经常从一种体系转向另一种体系,但是只要我们不想把知识变成一种毫无意义的混沌态,我们便不能摒弃哲学。

(吴小宁译;王世坤校)

数学与自然定律[1]

所有的自然科学——天文学、物理学、化学——都奠基于观测。但观测只能弄清所见为何。我们怎样才能预言将会出现什么呢？为此目的，观测必须跟数学联手。

有位古希腊哲学家叫安纳萨戈拉斯（Anaxagoras），他第一个给出了日食和月食的解释，依据的是月球和地球挡住太阳所形成的影子。你可以说他应用了投影的思想来解释天象。还是在他做出这一解释的前几年，雅典的剧场开始利用投影来设计舞台布景。安纳萨戈拉斯靠他的想象力悟到了舞台布景和日、月食之间的某种共同点。他是靠什么走通这条路的呢？首先在于：希腊人已发展了几何学，这是一门从几条基本定律或公理出发，进行纯粹推理的数学科学。“过两个不同的点，有且仅有一条直线”是其中的一条公理，每个人都承认这是理所当然的事。几何对直线的性状做出了预

---

① 原题：Mathematics and the laws of nature. 译自：H. Weyl 著《Riemanns geometrische Ideen ihre Auswirkung und ihre Verknüpfung mit der Gruppentheorie》一书的附录。Springer，1988：43-46。

测。安纳萨戈拉斯获其成果的第二个先决条件是有了光线的概念:光是把出自物体的信息带给我们眼睛的起作用物,从而引起我们对物体的视觉形象。这个概念纯粹是种假设——可谓是一种天赋的闪现。

第三个条件是有了一种关于光线的数学理论,即光线是直线。此理论由经验启发而得。组合起这三种成分——几何、光线的概念和有关光线是直线的理论,你就能解释所有涉及影子和投影那些世所周知的事实。

正是靠着同样的理论基础,观测者可确定遥远物体的距离:他测量他的基准线和某些角度,然后根据光线的几何学导出他的结论。用与此非常相像的方式,安纳萨戈拉斯间接地测得了月球与我们之间的距离,它肯定不能用卷尺直接测量。心里有了这个例子,你就能理解下述一般性的结论:一切非直接度量,如月球距离的度量,最终仍需依赖于直接的度量。直接的与非直接的度量必定要由理论来加以联系——在上述情形即是投影理论。一个理论的成功在于所有依赖它的非直接度量能得以检验。这应是方法论的首要原则。

安纳萨戈拉斯有可能用铅笔在纸上,或者应该说用芦秆在纸莎草纸上实现他的做图。但是,这样画出的图形对天文学研究而言未免过于粗糙了。

另一方面，数(number)有着达到任意精确度的能力，一旦要讨论时间，或是诸如质量、电荷、力、温度等这样一些量时，用数来代替几何图形就是必需的了。这些量都是可度量的，尽管只能按非直接度量的含义来理解。正如伽利略说过："度量那些可度量的，并使不可度量的成为可度量的。"

数学家跟几何相处得很好，但数才使他们成为真正的数学家。自然数序列1,2,3,…是我们心智的自由创造物。它以1为起始，每一个数都有相随其后的下一个数。这就是一切。按照这种简单的程序，数向无穷进军。2是相随于1的数，3是相随于2的数，如此等等，再无其他约束。当你知道亨利八世是相随亨利七世之后登上英国王位时，你对前者并无什么了解。而当你知道8是相随于7之后的，那你已掌握了8的一切。人是一种物质存在，我们语言中的字词有其意义(带有可变化的微妙的细小差异)，我们的音乐作品中的曲调具有影响人的感觉的品质。而数既非物质，没有意义，亦无任何品质可言。它们只不过是标记，我们赋予它们的一切只是直接接续这一简单规则而已。

因此，毫不奇怪，我们能预言它们的行踪。例如，7加5得12，偶数后面总跟随一个奇数。当然，不要以为算术法则都是琐细和不重要的。事实上，数学家们经过一代又一代的努力，发现了越来越深刻和普遍的规律；他们也发现，每一次进步都伴随着新问题的产生。我想，他们的任务之所以困难主要应归因于如下事实:数的序列是无限的。

讲了那么多有关数学的闲话,我该言归正传了。安纳萨戈拉斯之后,日月如梭,越过了2000个春秋,我们便来到了开普勒(Kepler)时代。他建立了著名的行星运动三定律,跟我们主题有关的只有他的第一条定律:行星运动的轨道为椭圆,并以太阳为它们共有的一个焦点。古希腊数学家们曾把椭圆当作直线和圆之后最简单的曲线。开普勒起初也试图借助于圆,可惜它们与观测不符。然后,他才转向稍微复杂一点的椭圆,它们正好适用,并达到了令人吃惊的精确度,直到今天仍未丧失其价值。这里需依次做三点说明:

第一,开普勒并不可能从观测导出他的定律;因为观测只是表明:连接我们这颗行星地球与被观测的行星的直线在改变方向。

第二,他的关于椭圆轨道的思想,依赖于希腊数学家事先发现的椭圆。

第三,无论进行什么样的观测,所得的观测结果总能用一条适当的曲线来拟合;关键是大量精细的观测要跟像椭圆这样简单的曲线相符。开普勒,以及毕达哥拉斯(Pythagoras)和他的追随者共享着一个深刻的信念,即宇宙是和谐的。不过,对毕达哥拉斯学派的人来说,这是神秘的信条。而对开普勒而言,这成了一个事实,我认为这是我们关于宇宙所知的最重要的事实。我可以这样说：自然界隐藏着一种固有的和谐，它本身以简单的数学定律的形象反映到我们的心智中。这就是为什么自然界的事件可以通过观测和数学的分析两者的结合来预言。自然界是和谐的这种信念，或者我应该说是这种梦想，在物理学发展史中一而再、再而三地得到了超出预想的证实。

现在我来小结一下。开普勒的理论在观念方面的基础仍跟安纳萨戈拉斯是一致的。伽利略这位现代科学之父则达到了一种新的观念：他视运动为惯性与力之间的一种争斗。运动着的物体具有质量和动量，并为力所作用。这种观念至今仍不愧为认识物质世界的坚实基础，甚至原子和量子物理也没能动摇它。

所以，伽利略最基本的定律是：力引起动量的改变，它的变化率等于力。变化率是个数学概念，可用微积分来定义。牛顿又增添了作用于任意两质点之间的万有引力概念。他有关重力的动力学定律可用代数式之间极其简单地表达，本质上它要比开普勒的运动三定律更为简单，却涉及了远为广泛的现象并能做出最精密的预报。这里我们再次看到了三个特征：必要的数学（此处指微积分和代数）事先为数学家所创立，关于所论事物性质的基本概念，以及依据这两者而表述的一种理论。从现代物理学中还能举出更多的例证。在发掘现象的根系时，我们的铁锹越挖越深。伽利略和牛顿比他们的前辈开普勒到达了更深的层次。我们正继续着他们的事业。但理论与观测之间的鸿沟也变得更宽了。数学必须更加发奋以在这鸿沟上架起桥梁。牛顿本人曾因这类数学困难而停滞了20年。

在量子物理中普遍出现的现象是:数学工具——薛定谔用它表示了量子物理的基本定律——确实在事前已由数学家创立,正如我们讨论过的其他案例一样。

当然,促成这一数学成果的动力最初来源于一个音乐与物理交汇的场所,即振动物体的声学。为理解音乐的和谐而进行的研究,最终使我们理解了看得见的世界中最丰满的一种和谐——由辐射原子所放射的谱线的和谐。

（袁向东译;姚景齐校）

几何学与物理学[①]

外部世界的千变万化是在空间和时间中进行的。在数学中，所有的状态量均被表为空间-时间坐标的函数，后者则是自变数。一切可能的时空位置构成了一个四维的连续统。只有时空的重合和其直接的邻域才具有直观上能完全说清楚的意义。因此亚里士多德便已经把空间称为接触的介质。但是我们不能满足于仅仅去确认那些事实上存在的接触，我们还必须把(观察所得的接触)投射到一个由自由的可能性构成的，在质上无从区别的场上，即一切可能的重合所构成的连续统；如果我们期待理论的构造能与全然客观的世界相符的话，我们就至少要做到这一点。因为客观世界所包罗的，远远超过我作为个别的人对它的了解。我相信，这一必要性最终基于这样一个观点，即真实并不就是存在本身，而仅仅构成一项认识。当空间的物体形状在不同观察角度下形成为同一时，其先决的条件是，表现为个别观察图像的观点是变化着的，而且这些实际被采纳的不同观点代表着存在

① 原文刊于 Die Naturwissenschaften，1931，19：49-58。——译注

于我们之内的、(无限)可能性连续统的一个截片。如康德所说,时间和空间是我们直观的形式。坐标的作用在于区别空间与时间连续统的位置。它扮演的角色就像姓名一样,借此我们才能区别并且称呼个别的人。它也像对一堆分立的个体所组成的事物组的随意编号。坐标是连续流形中的连续局部函数;任何连续地依赖于位置的量都可以藉坐标的引入而表达为其函数。从一个坐标系过渡到另一个则藉连续函数的变换来完成。每一个坐标系都适合用来描述自然过程这一结论与自然的性质和规律没有任何实质性关系。因此我们拒绝那种对唯名主义的盲从,它认为名是植根于事物之内的,不通过“正确的”名就无从认知,而知物之名也就拥有了知物之性的魔力。

选定坐标系以后,(物理)过程通常用算术上的术语描述,因为这里的名就是数。从解析几何那里大家对此早已熟悉了。但是为了迎合根深蒂固的思维和直观形式,我们更愿意通过这些坐标在欧氏“像空间”的诠释而以几何的术语来替代。坐标给出了现实世界在此一“像空间"上的映射;当我们把弯曲的地球表面投射到地图上时,就得到与此相仿的映射。在以墨卡托(Mercator)投影法[①]绘制的地图上,旧金山、格陵兰岛的南端和北角(欧洲最北端)是在一条直线上的,而

---

① 一种以直线画经纬线的地图法。——译注

在以正投影法绘制的北半球的地图上全然不是这样，这是毫不足怪的。

四维时空连续统不是无定形的，而是有一个结构的。如果我们采纳牛顿的绝对空间和绝对时间的概念，那么我们便可以赋予宇宙一个分层和一个与之相截的分束：所有同时的世界点构成一个三维的层，而所有同地的世界点构成一个一维的束。除此之外，空间和时间还具有一个度量结构，它藉时间段的相等和空间图形的全等来表明。不论这度量结构可以描述得多么准确和完整无遗，也不管它的内在根据如何，一切自然规律都表明，它深刻地影响着物理事件的过程：刚体与时钟的行为几乎完全由（它们的）度量结构所决定，一个无外力作用的质点的运动和光波传播的过程亦复如此。而我们仅仅能通过它们对具体的自然过程所显示的效应来认识这一结构。牛顿在《原理》的引言中已经把这个纲领阐述得再明白不过。虽然他先验地相信空间是绝对的，从而也相信运动是绝对的，但他明确声言，他研究的目的，正是要从相对的运动中，从其因与果中去认识真正的运动，而相对运动正是（两个）真正运动之差。为了说明此点，他举过一个著名的例子。“两个在相对位置的球如果用细线连起来并使之绕着公共的重心旋转，那么我们就可以从线的张力确定球脱离其运动轴的倾向并据以计算这个圆周运动的物理量。”如果我们要标识某个特定的坐标系或坐标系的特定类，那就只能借助于物理过程来实现。也就是说,我们事先就要了然于:某某过程将通过有关坐标解析地表为如何如何。我想用所谓的狭义相对论的例子再来说明一下这个其实是不喻自明的、被牛顿所默认的“广义相对性公设”(这个例子决不否定狭义相对论)。一个不受外力作用的质点,其时空线,即它依次通过的时空点所成的一维流形,是由此线的起点和其初始方向所决定的,这是一个经验的事实。同样地,一个光锥,即一切收到由某个时空点 O(称为现在——此地点,或原点)发出的光信号的时空点的几何位置,是由 O 所决定的而不依赖于光源的状态,特别是其运动的状态或光的颜色。根据狭义相对论我们就可以勾画这样的一个时空“图谱”,使得在这图上:(1)每个不受力的运动着的质点的时空线都是直线(由于伽利略的惯性定律)。(2)由任一时空点射出的光锥都可表为开角为 90°的垂直的正圆锥(由于光以匀速做同心的发射)。在满足以上条件的、“标准的”坐标系之间,客观上可供选择的非常之多,它们全都通过线性 H. A. 洛伦兹(H. A. Lorentz)变换互相联系着。当然,从这里可以看出,为了确定结构,必须观察从一切可能的位置和向一切可能的方向运动的不受力质点;在这里参照的永远是依据于直观的“自由可能性的连续统”。避免直接指定正是要求,标准坐标系的标示不应借助于某个个别情况,而应根据适用于一切情况的规律性来进行。一般相对性公设和下列认识论原理之间有着极密切的联系:客观世界的图像不应包含任何原则上不能通过经验检验的东西。虽然物理性质不同的颜色可以引起同样的红色效应,但只要通过棱镜就可以把隐藏着的不同之处揭示出来。但是如果是以任何方法都不能从经验上揭示的不同,那就不能予以接受。如果下列事实是被承认的,即在通过洛伦兹变换互相联系着的标准坐标系之间不能根据自然现象做出特殊的选择,那就不允许说:即使原则上不可能在众多时间测度中做一个选择,但总存在一个客观上的"同时"(这样做也是无益的)。在这里我们也必须考虑可能性。莱布尼茨(Leibniz)在一次关于绝对运动的概念的讨论中,对于有可能存在着我们观察不到的绝对运动这一看法曾反驳说:"运动虽然不依赖于现实的观察,但并非全然与观察的可能性无关。运动只存在于能够观察到变化发生的地方。要是没有一项观察能断定这变化,那么它就是不存在的。"[1]

请原谅我在此重述了这些在今天已经广为人知的常论。现在让我来谈一谈广义相对论的具有决定性的思想。现实的作用,例如时空的度量结构,不论多么强大,也并不体现为时空的刚体的、一成不变的几何本性,而是某种现实存在,它不仅作用于物质,也受到物质的作用。黎曼就已经提出以下思想:空间的结构场,一如电磁场那样,是与物质之间有着相互作用的。爱因斯坦独立地找到了这个思想,在得自狭义相对论的新认识上把它应用到四维时空上，并且还补充了一项重要的见解，从而使它具有了丰富的物理意义。自从伽利略以后，我们总是把物体运动理解为惯性与力之间的一个斗争。惯性则被描述为一种保持原状的倾向，它使运动着的质点的时空方向从其所在的时空位置 P 沿此方向通过“无限小平移”转移到无穷接近的邻点 P' 上。当物体从一个瞬间到另一个瞬间顺其方向追随惯性时，就形成了它(物体)的“测地”时空线。爱因斯坦从重力质量等于惯性质量这一事实得出结论说：重力在惯性与力的二元性中总是从属于惯性这一边，因此重力现象便表明了我们要找的惯性场的可变性和它对于物质的依赖性。大家知道，基于这一见解而发展起来的爱因斯坦重力理论是人类思考的一项伟构，它在经验中得到很好的证明。

人们不禁要问，牛顿是怎样走到这一步的：他虽然制定了一套经验的方案以从层化和束化对于可观测现象的作用去推出它们的实际划分，却坚称绝对空间和绝对时间的先验存在。我相信，答案的关键部分应该是他的神学，亨利 · 莫雷斯(Henry Mores)的神学：空间对于他是一个一切事物内部的神化的、无所不在的存在。因此，空间结构之于万物，恰似一位绝对的神之于世界：世界领受他的作用，他却超然于一切来自世界的作用之上。这样看，狭义相对论就不妨说是空间的去神化。现在我们再来区分无定形的连续统和它的度量结构。前者保持了它的先验性,但却被作为与不依赖于存在的纯意识对立的反面,而结构场则全然从属于现实世界及其力的互相作用;这样一个现实的实体爱因斯坦喜欢称之为以太。以太对于物质的依赖之所以这么难被认识,应归因于以太在物质的交互作用中过分强大的优势,即使爱因斯坦的理论也不否定这点。它即使不是神,也是一个超人类的巨怪。这个强度的对比可估计为 $10^{20}:1$。就是说,如果我们把重力和物质的作用各自相加得出其总和,则后者必须被乘以一个量级为 10^{-20} 的纯数。我们的感觉当然对自然界如此无情地破坏一个公平游戏的最起码的规律深为不满。我相信,如果我们将来能破解这个谜,那么我们对于自然的认识就会前进一大步;但目前看来似乎希望甚微。

依据爱因斯坦理论,重力是作为度量结构的流溢而被认识的;这样,一个物理实体就被"几何化"了。不难理解,为了达到世界图像的统一性,整个物理学也须被几何化才行。介绍在这方面所做的一些设想,才是我做这次报告的本意。首先必须考虑电磁场。在量子物理这门新学科诞生以前,大家都公认,重力和电磁力是仅有的原始自然实体。因而人们都期望,按照米氏(G. Mie)的模式,把物质的基本粒子设想为重力-电磁场中的能节,即在空间意义上挨得很近的区域,在其中场的强度升高到极高的值。因此,在当时这个问题便归结为重力与电力的统一问题。但是从那以后情况就有了根本的改变，这可分为两点来说：第一，量子论在电磁波之外又提出了物质波，后者可用薛定谔(Schrödinger)波函数 Ψ 来表示，而且，根据泡利(Pauli)和迪拉克(P. A. M. Dirac)的发现，它不能被假定为一个标量，而应被假定为一个具有多重分量的量。通过电子波的折射实验已知这种波的存在是确定无疑的。这一新的认识还不涉及自然过程的量子性质；在经典的场论框架中，必须在重力场和电磁场之外再加上一个状态量 Ψ，即物质场。现在有待统一的不是两样而是三样东西了。同时由波谱测得的 Ψ 的数学意义的变换性质还指明，质量场不能还原为引力或电磁力；反而是其逆命题倒还有可能。第二，场方程式得到了全新的解释，它用概率代替了强度的概念。有了这一统计学的解释，自然的微粒观和原子观才得到人们的接受。这样，场方程式的量子化过程就成为理解被观察到的基本粒子——电子和质子——的存在与同态性的基础。对于我们感兴趣的场的统一理论来说，眼前我们只好把下面这个问题先搁在一边：到底应该把场方程式解释为经典-因果的呢，还是量子-统计的呢？

由于我想介绍的设想部分地带有形式的-数学的性质，我不得不略微仔细地谈技术-数学的表示。在谈到惯性的例子时我们已经说过，结构场可以被看成是近作用，即无穷小意义的。黎曼对高斯曲面理论的抽象化，表明了这一观点也可以用到空间的度量结构上。在这里，我们有意地追随他的思路，但是要对高斯-黎曼-爱因斯坦所建立的解析表示式做一番调整；因为，如我们最近才看到的，必须这样做才能把物质场包括进来。曲面上不同的点靠两个坐标值 x^1, x^2 来区分；由于坐标是任意选定的，客观规律对于坐标 x^p 的一切连续变换做成的群必然是不变的。线段 PP' 从点 $P=(x^p)$ 出发，引向无限邻近的诸点 $P'=(x^p+\mathrm{d}x^p)$。这样一个线元是在 P 点向量的原型，$\mathrm{d}x^p$ 是它相对于所选坐标系的分量。按照微分学的基本原理，这些从 P 发射的无穷小向量构成一个线性流形。为了避免像"无穷小"这样的麻烦的概念，我们把它代以一个 P 点的切平面。它是一个二维的、有中心的向量空间；借助于两个线性无关向量 $\boldsymbol{e}_1, \boldsymbol{e}_2$，每个在 P 点的向量 $\boldsymbol{u}$ 都可以被唯一地写成以下的形式：

$$\boldsymbol{u} = \sum_{\alpha=1}^{2} u_\alpha \boldsymbol{e}_\alpha$$

u_α 是它相对于坐标轴 $\boldsymbol{e}_\alpha$ 的坐标。度量结构表明，在所有可能的坐标系之中，直角坐标系是独特的。把各个不同的（但权利相等的）直角坐标系彼此互换的所有变换构成一个大家熟知的正交群，它保持向量量度（长度的平方）

$$\sum_\alpha u_\alpha^2$$

不变。在时空中维数由 2 提高为 4，而正交群则被代以洛伦兹群。这时以直角坐标表示的量度是

$$-u_0^2+u_1^2+u_2^2+u_3^2$$

[符号中有一个为负,这就是闵科夫斯基(Minkowski)几何。]量度为0的诸向量构成了自中心发射的零锥。前面我们已经用过光锥这个词了。

我们首先可以把切平面完全从曲面分开来讨论,换言之,把它抬起来然后放在一旁。曲面是援引坐标 x^p 的,且相对于这些坐标的连续变换群是不变的。切平面则是一个有中心的向量空间,援引一个直角坐标系;对于正规坐标系的任意旋转和洛伦兹变换群来说,不变性都成立;在曲面上不同点处局部坐标系的旋转是彼此无关的。为了得到自然过程的解析表示,我们既需要一个时空的坐标系,也需要一个局部的坐标系,它可以在每一个位置从无穷多的权利相等的直角坐标系中任意选取。当然,切平面并没有从曲流形移走,而是植入于其中。在选定坐标系和局部坐标系 $\boldsymbol{e}_\alpha$ 之后,植入就由数值 h_α^ρ 来描述,它们是4个基础向量对于坐标系的分量。当 P 在流形上变化时,这 4×4 个量就是 P 的,或其坐标 x^p 的连续函数。它们是度量场的路径的量化描述。从这个结构我们就可以区分:(1)它的在一切位置都相同的性质,由一个不容许任何变化的数学实体——洛伦兹群——来代表。(2)"定向"或植入;它可以连续地变化,因而总是带有一个在连续的标尺内可变化点必然具有的那种不明确性。它在自然中依赖于物质并且与之有相互作用。我又倾向于把前者,即先验的因素归咎于我们的直观。因为哲学家的下列看法可能是对的,即不论物理的经验怎样说,我们的直观空间具备一个欧氏(几何)结构。不过如果这样做的话,我认为就一定要赋予这个直观空间一个我-中心,而且距离我-中心愈远,重合(直观空间与物理事件的直接联系)就愈不明确。在建立理论结构时,这一点的确反映在 P 点的曲面和其切平面之间的关系上:二者在中心 P 的紧贴的邻域是叠合的,但离点愈远,叠合关系就演化为曲面与平面之间的一个愈不规范的对应关系。

凡是相对论学者都有这样一个普遍的经验:每个含有一个任意函数的不变性质都导致一个守恒定理。所以相对于任意坐标变换并含 4 个任意函数的不变性就给出能量与冲量守恒律的 4 个分量。而相对于局部坐标系的旋转(它给出 6 个任意函数)的不变性就等价于能量-冲量张量的对称性,或等价于冲量矩的守恒律。后者在三维空间里有 3 个分量,而在四维时空里则由于能量惯性律的共同作用而有 6 个分量。

对于理解上面所涉及的数学,列维-齐维塔(Levi-Civita)的下列发现是具有根本意义的:黎曼几何的度量场唯一地决定一个无穷小平移,后者把在 P 点的向量引向无限邻近的 P' 点[2]。经由这一过程描述的“仿射连通”是仿射微分几何的基本概念。特别地,一个方向(向量)在本方向内的投射也是一种向量的平移。这种投射在现实世界里的例子就是惯性场的保持倾向。这样,由爱因斯坦完成的欧几里得-牛顿综合命题就可以被理解了,度量场如何决定惯性因而又根据重力质量和惯性质量的相等律决定重力也就可以被理解了。通过度量立刻就可以确立零锥,换言之,即现实世界里的因果结构,亦即在光锥作用下时空划分为过去与未来。(所有并仅有那些接受发自 P 的作用的时空点属于发射自 P 的光锥的开向未来的部分,那些能向 P 施加作用的时空点则属于开向过去的部分。)由于反过来 P 点的角度量和 P 点所有向量的量度间的关系可由零锥决定,数学家就说这是一种共形赋性。于是我们就得到下面的示意图:

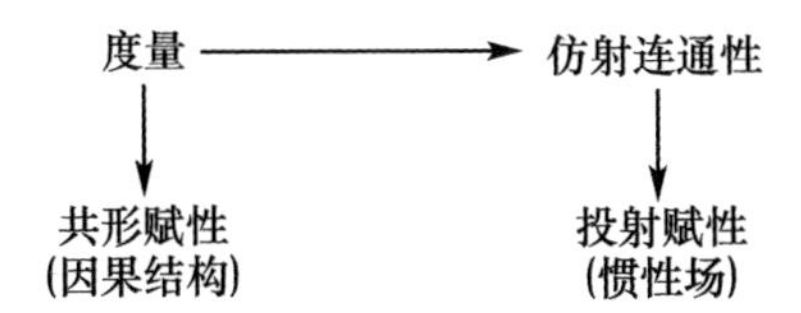

把重力和电统一起来的第一个尝试是我本人在 1918 年做的[3]。它依据以下的考虑:在时空中沿着一条闭曲线把一个向量以无限小平移的方式向前推,那么,在绕完一周之后,它一般不会回到原来的位置。这就是人们所称的向量平行的不可积性。但是由于在平移中向量的量度是不变的,所以虽然始向量与终向量在方向上可能有异,在长度上却必须一致。我从这里看到了矛盾。这里涉及的是一个校正的问题。局部坐标系的选择涉及某个长度单位的选择。人们问：是否这些可以通过膨胀互相转化的坐标系必须被认为是权利相等的？是否变换群除了旋转之外还必须把膨胀包括进去或是否存在一个与众不同的长度单位？等等。经典几何与物理的做法是肯定第一种可能性。这样一来，度量几何首先便归约为共形的，而 P 点各向量之间的基本关系就是全等，亦即长度的相等。从向量的概念中把方向抽除，就得到线段的概念。两个向量决定同一线段，当且仅当它们是全等的。P 点诸向量构成一个四参数的流形，而诸线段则仅构成一个单参数的流形。在通过局部坐标系设定长度单位之后，线段就唯一地由量度给出。可是仅有共形赋性肯定是不够的。爱因斯坦曾不时试过走这条路，但每次都很快就放弃了。这里需要一条原理，它能保证把 P 点处的线段全同地移到无限邻近诸点。所以这里要考虑的不是向量的平移，而是线段的全同移动。我原来所设想的时空结构是度量的，而非仿射的。我这样做是沿袭黎曼-爱因斯坦。但是在推广时保留了线段移动的非可积性。经过借助局部坐标系到处作了校正之后，全同移动就可以通过 l 在此过程中发生的变化 $\mathrm{d}l$ 来描述，这里 l 是 P 点的任意线段。$\mathrm{d}l$ 与 l 成比例，比值线性地依赖于所做的平移 PP' 的分量 $\mathrm{d}x^p$，其形式为

$$\sum_p f_p \mathrm{d}x^p$$

因此为了完整地决定度量场，除了量 h_α^p 之外，我们还需要

4 个点到点变化的状态量 f_p,它们是一个具有不变意义的线性微分型的系数。在校正过程中,局部坐标系的膨胀比 $e^\lambda:1$ 把 h_α^p 变成 $e^\lambda \cdot h_\alpha^p$,因而根据定义,量 f_p 须被代以 $f_p-\frac{\partial\lambda}{\partial x_p}$。因此客观规律对于以下替换是不变的

$$h_\alpha^p \to e^\lambda \cdot h_\alpha^p, \quad f_p \to f_p-\frac{\partial\lambda}{\partial x_p}$$

这一替换包含任意的局部函数 λ(校正不变性)。另一方面,电磁场正好依赖于 4 个位势 Φ_p,它们是一个不变线性微分型的系数,而且我们也知道,具有物理意义的不是这些位势本身,而是场的强度,换句话说,如果我们以 $\Phi_p-\frac{\partial\lambda}{\partial x_p}$ 去替换 Φ_p,那么由位势 Φ_p 代表的(电)场并不改变。因此,十分自然地,我们就会想到把几何量 f_p 等同为电磁位势,(其测量的单位眼下还是未知的。)这件事是可以检验的:只需根据自然律考察 f_p 与物质之间是否具有电磁位势所具有的交互作用,而后者是经验上熟知的。像电磁场那样受物质影响并作用于物质的不是别的,就是电磁场。有关的经验都已总结在麦克斯韦(Maxwell)场方程式中。但是只有根据基础的作用规律才能做出判断。事实上我做到了,在我的理论框架内给出这样的一个作用值,它正好导致我们所寻求的一致性。同时它也给出了爱因斯坦不久前加到他的重力方程式上去的“宇宙项”(除了它还有一些量级如同它一样微小的项),而在

我们的理论中用以测量电磁位势的单位，也被证明了与宇宙项是同量级的。因此，除非我们已经了解了宇宙的相当一部分，是很难通过实验来确定上述作用值的。我必须承认于先，我对电磁场的几何化并不能对这个场的本质增添任何直观的理解；特别是我一点也不能为任意加进去的项$\frac{\partial \lambda}{\partial x_p}$找到任何先验的显而易见的支持，不像在电磁场位势的情形，那里一切有经验可据，而 e^{λ} 则是经典几何所要求的校正因子①。f_p 与位势之间的联系要等到后来借一个特别的作用量才建立起来。有可能被选为作用量的自然只有为数不多的积分不变量。因为校正不变性原理把这一范围大为缩小了。这也许是这个理论最大的成就，因为我从一开始就希望，能借它以推理的方式求出作用值。就像坐标不变性对应能量和动量守恒一样，校正不变性以同样的方式对应电荷守恒。这也给予这个理论一个有利的形式的论据：要找电荷守恒律源始，必须先验地找到一个新的、包含一个任意函数的场规律的不变性质。

这理论含有矛盾。爱丁顿(Eddington)教授援引《圣经申命记》说："你囊中不可有一大一小、两样的砝码。你家里不可有一大一小、两样的升斗。你应当用公平的砝码、公平的

① 或译标度因子。——译注

升斗。”爱因斯坦立即提出异议说，根据质谱仪，一个氢原子谱线的波长在同样的状态下总是相等的，而不依赖于它过去的状态。我回答说，现实原子的行为可以仅仅根据有效的作用律来预测。我所建立的作用律也许还不能严格证明下面的诊断，但却能使它有一定的可信程度，即波长不能以恒等方式迁移，而是不断重新地按照一个关系来调整自己，后者是相对于原子所在处的时空曲率半径的，并且依赖于原子的结构。曲率半径是可由理论中的基本量计算出来的某个线段。度量场的这一定量描述使我们可以在事后给出一个特异的校正，因为曲率半径可以到处用作长度单位。这样，原子学就可以假道宇宙学建立起来了。这看起来有些使人难以置信。但通过出现在重力定律里的那个量级为 10^{20} 的纯数就变得可能了。这样，我们就不得不期待时空半径与电子半径的比是 10^{20} ：1 或它的一个低次幂。那么，它的平方 10^{40} 就是电子半径与它的“重力半径”之比。由此可见电子质量对它周围的度量场的干扰是多么之强。要是用 10^{40} 这个时空半径与电子半径的比去解释宇宙学上的螺旋星云谱线的偏红平移现象，倒是能得到与经验相当吻合的结果的[4]。我也相信，质量，就其本性而言，既不是惯性的，也不是重力的，而根本就是重力场的生成质量。所以它必须被定义为重力场穿过裹住微粒的包膜渗出的流量，正好像法拉第把电荷看作穿过这种包膜的电力流一样。一个好的理论应该排除一切不借重力来说明质量的说法。出于这样一些理由,把原子学和宇宙学扯上关系的做法就不像第一眼看去那么异想天开了。

当然,就原子学方面的物理结论而言,我的电磁场的几何理论还是毫无收获的。因此下面的怀疑又被提了出来:在经典几何与物理上对于绝对单位的否定是否有误?原子学不是给了我们以各种度量的绝对单位吗?在经典时期,理论物理在这个问题上确实处于某种两难之境。因为,一方面,举例来说力学规律对于运动中物体的一切可能的质量和电荷的值应该完全适用;另一方面,根据准确的规律就应该得到:只有具有确切的电荷与质量值的电子和质子才能作为最后的基本粒子存在。量子物理学把场方程式看成是一些规则,从它们可以算出关于一个单个的基本粒子的概率。只有把它们量子化以后才可以应用到任意数目的粒子上去。因此,在我看来,场规律必然含有原子学上的常数,这是毋庸怀疑的。因此,在迪拉克的电子场规律中"电子的波长",即数$\frac{h}{mc}$就作为一个绝对常数出现[5]。这样一来,我的理论的基本原则,即长度测量的相对性就成了原子主义的牺牲品,其说服力也就失去了。

还有一点基本的顾虑是:在理论的时空图像中,以$-f_p$代f_p是度量场的一个客观的变化;因为一个线段在同形移动中沿着一条闭路径扩大还是缩小是有所不同的。但是根据假定的作用规律，凭借观察得的现象去判定 f_p 的正负却是不可能的。这样，时空图像就含有一个无法被检察的差异，而这是与上面提到的认识论的基本原理相悖的。

爱丁顿尝试走另一条路来解决电与重力的统一问题[6]。他假定，时空最初具有的并不是度量结构，而是仿射连通性；所有物理量都应该导自向量的无穷小平移过程。从惯性中可以直接认读的只是投影赋性而不是仿射连通性。我还不知道，有没有人试过一个仅仅靠投影赋性就够用的理论——它类似于爱因斯坦的一个昙花一现的想法，即从度量中仅只保留其共形的组成部分，亦即可以从光的传播中认读到的因果结构。对爱丁顿假设有利的一点是，先验地，在表达自然规律时，扮演真正决定性的角色的仿射连通性。由于这些规律把邻近时空点的状态互相联系起来，它们中就会出现状态值的微分。每个状态值，例如电磁位势，相对于局部坐标系都有确定的分量，选好两个局部坐标系之后，它们的常微分就表示相应分量在两个无限相邻点 P 和 P' 那里的差。分量的微分因此取决于两个坐标轴的定向。不变规律的表达需要共变微分，即 P，P' 的分量的值（分别参照在 P 点的坐标系和经过平移后在 P' 点的坐标系）之差，因此共变微分仅由在 P 点的局部坐标系决定而在坐标系旋转时其变换与状态值分量本身的变换一致。黎曼几何把结构场看作嵌入或定向(局部正规坐标系的定向),把无穷小仿射几何看作移动的规律(向量的平移)。与此相对,我的理论则具有一种混合的性质,因为其中度量部分地被看作定向(共形组成部分),部分地又被看作移动(线段的全等传播)。

那么,爱丁顿又如何用他的仿射设想去解释自然的度量事实,特别是时钟与量尺的行为呢?答案是:他应用爱因斯坦的宇宙重力定律(Ⅰ)。据此,须从仿射连通性计算的曲率分量是与描述度量场的量成正比的,对于他来说,曲率张量就定义为度量张量。这就是说,一把尺在每个方向都按刻画此方向的时空的曲率半径调好;而在我的理论里,一把绕 P 旋转的尺的不变性是由作为基础的度量结构所保证的,只有曲率调整所引起的、在所有方向共有的膨胀或收缩才能影响它。爱丁顿必须把方程组(Ⅱ)(利用它,爱因斯坦根据列维-齐维塔从度量的基本量推导出了仿射连通性)反过来不作为定义方程而作为自然律。至少我看不出,如果不想与经验相悖,要怎样才可以避免这一步。只是保证曲率分量构成了度量分量是不够的,必须要能证明,这些量对于时钟、量尺等的行为所施的影响,恰好就是我们所赋予度量场的那些。要做到这一点当然就必须假定某些制约着仿射连通性过程的自然律。爱因斯坦接过爱丁顿的仿射场理论,尝试借助一个合适的作用原理去改进它,使得经验的事实能被满足。人们首先得出这样一个结果:可资利用的积分不变量比在我的理论中要多得多。这也许有其有利之处，因为这样一来，适应经验的活动余地就大了。另一方面这也正是它的缺点；无论如何，它与我坚持的观点是背道而驰的。因为真正能使人们感到满意的应该是这样一种理论，它一点都不含糊，并且其中支配自然过程的作用量恰好能被纯数学的推导证明为是唯一可能的。爱因斯坦在最新给出的仿射场理论中找到了一个作用量，用它推导出来的自然律和从我的理论推得的一模一样，包括小的宇宙项和所有数值系数。我必须承认，我搞不清为什么会有这样的巧合。无论如何，它向我们表明：这两种互相竞争的看法只不过是同一实况的不同的几何包装而已。究其本源，它们所涉及的也确乎只是电力学的几何外观而不是几何理论。这样一来，电力学的仿射论和度量论之争也或多或少失去了内容了。——特别是，现在可争的已经不是谁将是胜利的生还者，而是：它们作为双生子究竟该合葬在同一坟地里呢，还是该分茔而葬？

我不想详谈 Th. 卡卢察（Th. Kaluza）和 O. 克莱因（O. Klein）所做的一个尝试——它的成功的希望也不大——即除了度量张量之外把电磁位势也考虑进来，从而从四维时空过渡到五维[7]。但关于这一假设，我认为 O. 维布伦（O. Veblen）对我提出的一个想法是值得进一步讨论的。这个想法是，把卡卢察-克莱因的 5 个坐标看作四维时空里的齐次坐标,就像齐次射影坐标那样。①

最近两年来爱因斯坦正不懈地追踪一条新的路径。除了黎曼度量之外他还把向量的远平行论加进了他的基础结构。他假设,局部坐标系是如下束缚在一起的:它们只能同时做同一个旋转。这样被绑在一起之后,它们就不能通过一个密切联系着黎曼度量的列维-齐维塔平移互相转换。爱因斯坦同无穷小观点做了决裂,其结果是,从狭义到广义相对论的过渡中所取得的、看来已经最终有效的成果,又受到了扬弃。目前还看不到什么新的成果来补偿损失。比如说,如何得到能量和冲量的守恒律,还是茫无头绪的。从思辨的角度看,我也觉得这个作为基础的几何是先天不自然的;我难以想象,是什么力量使局部坐标冻结于互相扭曲的状况。一个反对它的、有力的物理论据是角动量守恒定律。如我说过的,它恰好等价于一个不变条件,此条件假定局部坐标在不同的时空点是可以不互相依赖地自由旋转的。此外,在爱因斯坦几何中,还存在着两种不同的直线或测地线,(视其方向是沿无穷小列维-齐维塔平移还是远平行而定。)而在自然界并无这种惯性作用的双重性的迹象。

我的看法是,自从物质场被发现后,整个情况在最近的

---

① 我做了这次报告的几个月后,维布伦和霍夫曼发表了与此有关的论文“射影相对论”,Physic. Rev. ,1930,36:810。该文展示了在这个方向的有利的远景。

四到五年里起了根本的转变。为以上这些几何的成就而雀跃的确为时尚早，让我们回到物理事实的坚实的土地上。用以描述物质场的量 Ψ 有两个分量 Ψ_1，Ψ_2，依赖于局部坐标系。我必须简单地说明一下，它们在此坐标系旋转下的变换。这里我只局限于谈三维的空间旋转，这可以看成是一个单位球绕空间直角坐标系的原点的旋转。我们利用立体绘图的投影从球过渡到赤道面，这个面可以利用高斯的方法看成是复变数 ζ 的载体；再采用齐次的写法 $\zeta=\Psi_2/\Psi_1$，就得到立体投影的表达式①：

$$x=\overline{\Psi}_1\Psi_2+\overline{\Psi}_2\Psi_1,$$

$$y=\mathrm{i}(\overline{\Psi}_1\Psi_2-\overline{\Psi}_2\Psi_1),$$

$$z=\overline{\Psi}_1\Psi_1-\overline{\Psi}_2\Psi_2,$$

这里消去了分母

$$t=\overline{\Psi}_1\Psi_1+\overline{\Psi}_2\Psi_2$$

对于每一个空间旋转 D，即不涉及时间 t 的空间坐标 x，y，z 的正交变换，必有一个属于 D 的 Ψ_1，Ψ_2 的线性变换，后者使所给表达式受到变换 D 的作用。当然 D 对 Ψ_1，Ψ_2 的确定仅在不计一个绝对值为 1 的随意常数因子 $e^{i\lambda}$ 的意义下是唯一的。请允许我把这个因子根据它的意义称作校正因子。Ψ 的这一变换规律最早是由泡利给出的，并且可自分光仪的事

① $\overline{\Psi}$ 表 Ψ 复-共轭数。

实[准确些说,即碱光谱的光项成对以及成对分量在塞曼(Zeeman)效应中具有半整内量子数的事实]中准确无误地得到。按照薛定谔移植到量子论中的经典运动方程(那里 Ψ 还是标量)就得到以下原理:从自由电子过渡到在一个给定的电磁场中运动的电子时,作用在 Ψ 上的微分算子 $\frac{\partial}{\partial x_p}$ 应被代以

$$\frac{\partial}{\partial x_p}+\frac{\mathrm{i}e}{2\pi h}\cdot\phi_p$$

其中 ϕ_p 是电磁位势(e 是电荷,h 是作用量子)。在迪拉克那里,这一原理被用作建立自旋电子的(两个 Ψ-分量的)运动方程的主导思想,得到了很大的成功。它给出解释反常的塞曼效应和氢原子的精细谱结构等的正确的能量项。如果令 $\frac{e}{2\pi h}\cdot\phi_p=f_p$,那么这些规则也等价于下面这个原理:电子的运动方程相对于下列代换

$$\Psi\to\mathrm{e}^{\mathrm{i}\lambda}\cdot\Psi,\quad f_p\to f_p-\frac{\partial\lambda}{\partial x_p}\qquad(*)$$

是不变的(λ 是时空中的一个随意局部函数)。从形式的角度看,上述定理和我们的老的校正不变性完全一样。量子论的发展有力地说明了,通过它势必将有极丰富的经验知识加进到我们的场理论中来。

这个原理可以在广义相对论的框架中重新得到解释[9]。

我们牢守黎曼度量。就是说,我们假定:原子物理意义上的绝对长度单位由电子的波长$\frac{h}{mc}$给出。量 Ψ 的分量按其本质在正交局部坐标系下除一个校正因子 $e^{i\lambda}$ 外能唯一确定。在狭义相对论中,局部坐标系是所谓的自由摆动着的,校正因子是一个常数;在广义相对论中,各局部坐标系却分别被局部地固定在一个时空点并且可以互不依赖地旋转,因此校正因子必须被假定为一个随意的局部函数。像在我原先的理论中那样:给定在每处的共形赋性之后,所有状态量的共变微分的唯一确定性要求取线性微分型 $\sum_{p} f_{p} dx_{p}$;这里,质量 Ψ 的共变微分的唯一确定性也要求一个这样的线性型。它耦合着一个校正因子,使得相对于代换(*)有不变性。在设定一个合适的作用量后,我们就得到麦克斯韦的电学方程、爱因斯坦的重力方程和迪拉克的物质方程。这样,f_p 就等同为电磁位势。新的校正不变性原理以与老的原理一模一样的方式推导出电荷守恒律。从形式的角度看有着高度的相似性,但从事实的角度看却存在着重要的区别。

1. 新原理是从经验发展起来的并总结出一个源自光谱学的重要经验定律。

2. 校正因子 $e^{i\lambda}$ 不加在度量 h_{α}^{p} 上而加在质量 Ψ 上。

3. 幂不是实的而是纯虚的。在老理论中受到批评的 $\pm f_p$ 的正负号不确定性过渡到 $\sqrt{-1}$ 的正负号的未定性而得到了完全的解决。当初我建立老理论时就有一个感觉:校正因子的形式应该是 $e^{i\lambda}$,却苦于无法从几何上给予解释。薛定谔和伦敦(F. W. London)的工作[10]通过与量子论之间日益清楚的关系对这个要求给予了支持。

4. 在这里,用以测量电磁位势 f_p 的自然单位不再是一个宇宙学意义上的未知量,而是一个原子物理学意义上的已知量 $\frac{e}{2\pi h}$。

我自始至终相信,我先前的校正不变理论必将让位于这新的理论。新的校正不变性——由于形式上的大体一致,我沿用了原来的名称——对于量子理论进一步的发展来看具有极大的重要性,最近海森伯(Heisenberg)和泡利所从事的场方程式的量子化研究就说明了这一点。不过,因为有了新的校正不变性,电磁场在同一意义上将会成为物质场的必然附加物,就如同它在原先的理论中附属于重力一样。根据注 2,校正因子并不加到重力 h_α^p 上,而是加到 Ψ 上。电场随着物质之船走而不随着像船后的水痕的重力走,这该是健康的、不被纯粹推理所弄糟的物理直觉更加乐于见到的。福克(Fock)先生把从广义相对论推导出的新校正不变性(他与我几乎同时达到这一步)称为迪拉克电子理论的几何化。

这一点我不能同意。在我看来，由于我们把电归附到物质而不是重力，我们就放弃了几何化。我担心，几何化的倾向扩展到其他物理实体是行不通的，虽然在重力方面，几何化带来了完全正确的、有最直观的论据支持的结果。如果人们一定要贯彻几何化，那就得发明一种使人感到自然的几何学，为了描写其结构场，它除了 h_{α}^{p} 值之外，还需要一个表示我们提起过的物质场的变换性质的状态值 Ψ。所以不妨从物质场的几何化出发；如果做成功了，那么，电磁场也就会是一个附带的成果。我不知道，那应该是一种什么样的几何学①。

场方程的量子化，不但体现了值 Ψ 和电磁位势 f_{p}，也体现了度量值 h_{α}^{p}。因此，刚体三角形在重力场运动时，不但其内角和是可变的，而且也受海森伯测不准性制约。当黎曼建立他的微分几何时，他提出欧几里得公理只在无限小有效而在大范围内无效的前提。但他没有忘记补充说明："空间测量规则所根据的经验概念，如固体的概念和光束的概念等，在无限小的时候失去其有效性。"在量子理论中，我们相信已经认识到，那些概念在接近无限小的时候是如何变得站不住的：当维度达到了作用量子的有限值能被感觉

① 维布伦的"射影相对论"可以勉强说明一个标量的 Ψ；但是还看不出，从泡利变换怎样产生非标量的 Ψ。该变换律在迄今为止的几何中都是没有见过的。

到时,所有物理量的统计学上的不确定性就越来越强地显示出来。

参考文献

[1] 见于莱布尼茨和克拉克(Clarke)争论文集中莱布尼茨的第5篇中,§52.

[2] Rendic. de Circ. Matem. di Palermo. 42(1917).

[3] 这里我不援引原文而宁愿援引我在《空间—时间—物质》一书中的说法。

[4] Weyl:《空间—时间—物质》(德文)第5版,第323页,—《自然科学》12,202(1924)—《哲学杂志》(7)9,936(1930).

[5] P. A. M. Dirac, Proc. roy. Soc. Lond. (A) 117, 610 (1928).

[6] Proc. roy. soc. Lond. (A)99,104(1921).关于此点和爱因斯坦对爱丁顿的仿射场论的进一步工作,德国读者最好看爱丁顿《相对论的数学论述》一书的德译本(柏林,1925),自317页起。

[7] Th. Kaluza, Sitzgsber. Preuß. Akad. Wiss., Physik.-math. Kl. 1921,966;O. Klein,Z. Physik. 37,895(1926);46,188(1927).

[8] Sitzgsber. Preuß. Akad. Wiss.,Physik.-math. Kl. 1928,217,224;1929,2.

[9] H. Weyl, Elektron und Gravitation. Z. Physik. 56, 330(1929);
V. Fock, Z. Physik. 57, 261(1929).
[10] E. Schrödinger, Z. Physik. 12, 13(1922); F. W London,
Z. Physik. 42, 375(1927).

（陈家鼐译；陆汝钤校）

对　称[①]

今晚我讲演的题目是对称(symmetry),它在艺术和自然界中起着巨大的作用。我将试图对它为什么能够和如何发挥这种作用稍做描绘,并说明数学家是使用哪些概念来探讨这种现象的。

在我们的日常生活里,在艺术作品中,对称这个词今天大都用来指左右对称(bilateral symmetry),即左和右两边的对称。让我们想像空间中的一个平面 E,并考虑关于 E 的反射(reflection);这是全空间到它自身的一种映射或变换 $S:p\rightarrow p'$。通过这种映射,每一个点 p 按照图 1 所示的办法转变为一个新的点 p':从 p 向 E 作垂线,并将该垂线段延长等于它自身的长度。E 在这里起到了一面镜子的作用。一个图形关于对称面 E 的对称,就好像它通过这种变换 S 翻转成自身一样。

---

① 原题:Symmetry。译自:Journal of the Washington Academy of Science,1938,28:253-271。这是外尔 1938 年 3 月 12 日在华盛顿哲学会第 8 届约瑟夫·亨利讲座上的报告。报告时展示的许多图片未能在此刊出。——译注

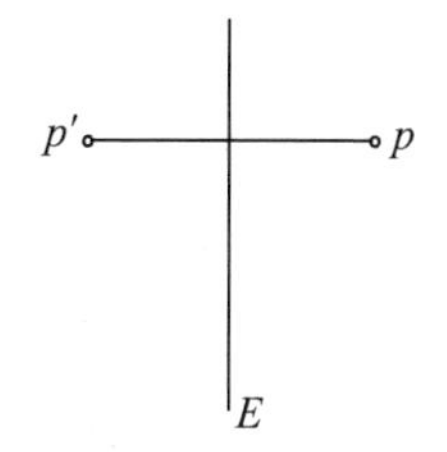

图 1　关于 E 的反射

我觉得在一开始就来解释关于映射的某些简明的具有普遍性的概念并不困难。设 S 是一个映射，它把任一点 p 映为 $p'=pS$，T 是另一个映射，它把 p' 映为 $p''=p'T$；于是，直接将 p 映为 p'' 的映射

$$p''=(pS)T=p(ST)$$

将由 ST（先实行 S，再实行 T）来表示。将任一点 p 映为自身的映射称为恒等映射（identity）J。对于上述关于平面 E 的反射 S，我们有 $SS=J$，因为当 S 作用于 p' 时，它将 p' 映回到 p。我们将关注的只是这样的变换，它们把每一个图形都变为跟它全等的图形，所以它们就是跟运动的后果一致，或者跟运动加反射的后果一致；我们分别称它们为固有（proper）和非固有（improper）运动。任意两个运动 S 和 T 的组合或者说“积”（product）ST 仍是一个运动，而一个运动 S 的逆（inverse）S^{-1} 为：

$$p'=pS, \quad p=p'S^{-1}$$

上述一般性的预备知识在下面的应用中将变得更清晰明了。

你们大家都知道,左右对称在有机界,特别是在动物王国中较高等的支系以及在人体结构方面起着显著作用。我在这里展示两幅图片以提醒诸位注意:一种脸上有完美对称的深深皱褶的猎狗,以及出自公元 4 世纪的名为祈祷男孩的著名希腊雕像。这尊极精美的雕塑品提供了那个时代关于对称的艺术价值的证据。根据一般的经验,诸如对称这样的形式上的几何原则,在古代占据着极严格的支配地位,只是在更成熟的时代才慢慢淡化。这里还有几幅可追溯到公元前 2900 年至公元前 2650 年的巴比伦印章石上的图案——这要感谢我在普林斯顿的同事赫茨菲尔德(Herzfeld)教授提供了这些图,其中第二幅给人的印象至深,那是一位与狮子搏斗的神的图案,为了使整体构图保持对称,下部呈侧面公牛状的身体是双身的。同样的例子还有旧时帝俄和奥匈帝国的双头鹰标识。

为了实现左右对称,你并不需要用到三维空间,甚至不需要二维空间:反射在本质上是一种一维的运作。一条直线,我们可以把它上面的任一点作为对称中心而实现反射。一维直线仅有的另一类运动是平移(translation),即沿直线方向移动任一距离 a。经平移 a 后保持不变的图形显示了一种"无限的一致"(infinite rapport),即按照一种关于长度 a 的有规则的空间节奏的重复。节奏(rhythm),无论是空间的还是时间的，乃是另一种具有普遍意义的美学原则。音乐的节奏表现为时间的形式，在上述平移下保持不变的模式（pattern），在重复施行该平移

$$TT=T^2, TTT=T^3, \cdots$$

或进行逆运作 T^{-1} 及重复该逆运作时，也都保持不变。它们分别把直线移动 $1a, 2a, 3a, \cdots$ 或 $-a, -2a, \cdots$ 的距离。在这一意义下，所有那些将直线上的一个给定模式变为其自身的平移都是某个基本平移 a 的倍数

$$na(n=0, \pm1, \pm2, \cdots)$$

这种有节奏的对称可以由反射来构成。于是，这些反射的中心以上述距离的一半 $\frac{1}{2}a$ 互相排开。对于一维模式或者说一维“装饰物”（ornament），只可能有这两种类型的对称，如图 2 所示。

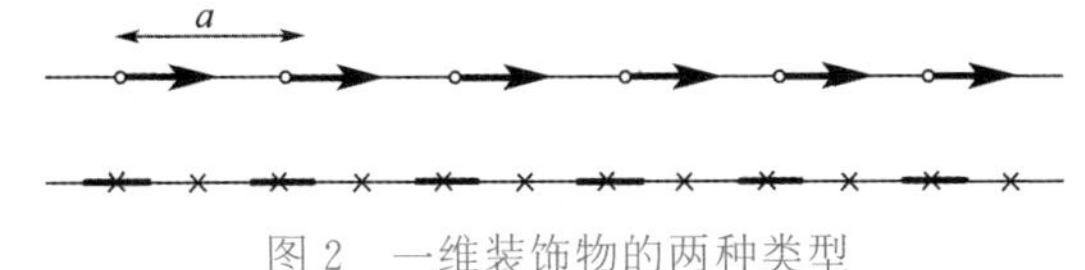

图 2　一维装饰物的两种类型

我们放下一维来看二维的情形。此时，一类新的对称出现了——关于绕中心 O 旋转（rotation）的对称。圆就是这一类型的完全的对称图形。正多边形代表了一种受到较多限制的旋转对称：所有绕 O 旋转使该图形变为自身的是某种旋

转的各种重复,这种旋转的角度为一个除得尽的量$\frac{360°}{n}$($n=1,2,3,\cdots$)。于是,我们称 O 为 n-折对称(n-fold symmetry)的极(pole),或者简称 n-极。此时,完全不存在旋转对称的情形也包含在内,即 $n=1$。自然的娇子——各色花朵,是这类对称的迷人的实例。这是一张 3-极的鸢尾花的图;这是一张 5-极的山楂花图。5-极的对称是花中最常见的。我之所以强调这一点,是因为在无机界的晶体中从来没有出现过这类对称,后面我们将会看到这一事实。看看菊科植物的花确实令人好奇:它们的排列在竭力准确地模仿正十二面体的结构,尽管这张照片未能完全反映出这一特征。当然,我现在还不应该过早地讨论空间对称(spatial symmetry)!

旋转对称经常是和反射对称结合在一起的。平面中的反射是在所谓对称轴(简称轴)上发生的。若 O 是一个 n-极,那么过 O 的那些轴相互形成$\frac{360°}{n}$的角。例如,一个 3-极是和相互之间形成 60°角的三条轴结合在一起的。也许,最简单的旋转对称的图是三角状架($n=3$)。当你不想让伴随的反射对称出现,你可以在每个臂上装一面小旗,于是你得到了一种古老的魔符(图 3);例如,希腊人用中心处是美杜莎①的头的这种魔符作为西西里岛的象征。看来,这种图案的魔力

① 希腊神话中的蛇发女怪,被其目光触及者即化为石头。——译注

来自它们的能令人惊吓的非完全的对称性——没有通过中心处的轴。

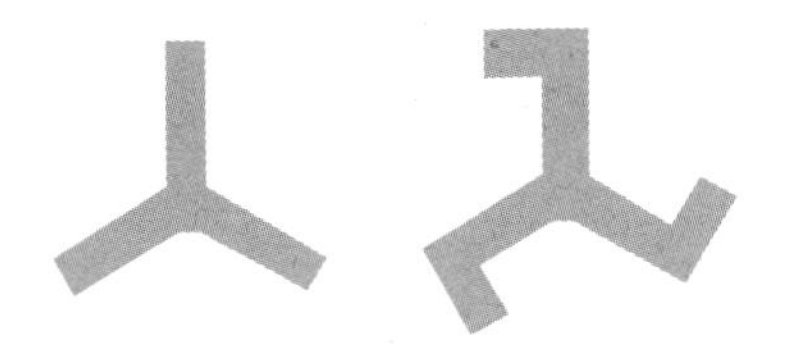

图 3　三角状架和三臂符

哥特式教堂中的圆花窗堪称中心对称的最优美的例证。我所知道的最精美的当属法国特洛伊斯的圣皮埃尔教堂的圆花窗，它彻底地以数字 3 为基础所设计。再看巴黎圣母院的一处边门，以及德国美因茨的罗马式教堂中的奇妙景色（站在唱诗班位置的后面观看所见）。后者蕴含的精密与和谐主要归因于大量的简单的对称：重复出现的带状圆拱、小圆花窗及三个塔楼上呈现的八边形中心对称，有垂直轴的左右对称则不仅在整体上而且几乎在每个细微处支配着这座建筑。偶尔也会出现六边形的情况；我能够回忆到的有罗马的圣·伊沃神学院，以及位于奥地利英斯布鲁克市的圣母济世教堂。如果我记得不错的话，位于德国德累斯顿市的著名回廊是正十二边形状的。

在变换 S 和 T 作用下不变的图形在变换 ST 下也是不变的。将一图形作为一个整体变化为自身可以称是该图形的自同构。这些自同构形成了数学家们所说的群。我们说变换 S 的一个集合是一个群 f，是指 f 中任意两元素 S 和 S' 给出的合成仍然包含在群 f 中。我们的思考得出的结论是：对称由自同构群来刻画，这是真正最合适的方法。

在这里，我们首先研究平面上围绕一个中心 O 的对称，亦即我们限制自己在运动中保持 O 固定。我们称这类运动为旋转，固有旋转是指通常意义上的旋转，非固有旋转是指关于通过 O 的一根轴的反射。保持给定图形不变的固有旋转 D 作成一个群。设 ϕ 表示这些旋转的角度，$D=D_\phi$。如果不是像圆的情形那样使所有的旋转都出现的话，我们就能得到一个具最小的正角度的旋转，设此时 $\phi=\alpha$。于是每个 ϕ 必是 α 的倍数：

$$\phi=m\alpha;\quad m=0,\pm1,\pm2,\cdots$$

实际上，如果 ϕ 在两个相邻的倍数之间，$m\alpha<\phi<(m+1)\alpha$，则 $(m+1)\alpha-\phi$ 将成为比 α 还小的正的旋转角，这与 α 的定义矛盾。特别在全旋转（转动 360°）下图形是保持不变的，因此 360°必是 α 的倍数。所以 α 是 360°的整除因子 $\frac{360^\circ}{n}$，而且整个固有旋转群由一个基本的 $\frac{360^\circ}{n}$ 的旋转重复作用（或是说只容许转到 n 等分点）而组成。这是循环群 C_n。它的阶，即它里面的元素数，是 n，n 可取值 1，2，…。

第二步我们想引入反射。我们画上两根过 O 点的轴 1 和 2，使它们的夹角为$\frac{\alpha}{2}$。设 S_1 和 S_2 分别表示对 1 和 2 的反射，则 $S_1S_2=D_\phi$ 是一个固有反射，旋转角为 α，如在图 4 中的简单构图所显示的。因此 S_2S_1 是逆映射 D^{-1}，旋转角为 $-\alpha$。在进行合成映射时我们必须注意它们形成的顺序。我们所看到的结果可能依赖于顺序！从等式 $S_1S_2=D_\alpha$ 我们得到

$$S_1S_1S_2=S_1D_\alpha \quad 或 \quad S_2=S_1D_\alpha$$

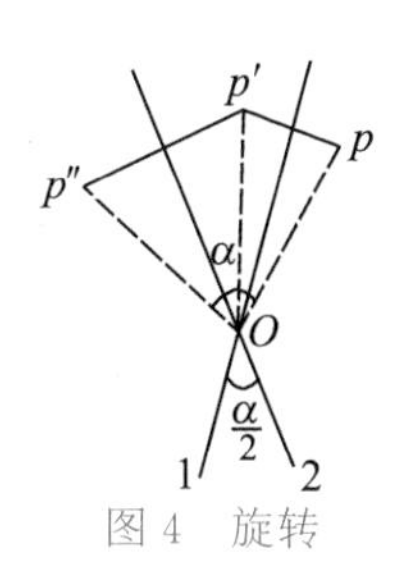

图 4　旋转

因此，如果给出一个图 F，其中有一根对称轴并允许做一旋转 D_α，则与轴 1 夹角为$\frac{\alpha}{2}$的线 2 也是一根对称轴。如果在固有旋转群 C_n 上加进反射，则我们将恰有 n 个不同的反射，相邻的两轴夹角为$\frac{360^\circ}{2n}$。由这些反射和等于$\frac{360^\circ}{n}$的倍数的旋转组成的整个群，其阶是 $2n$，被称为二面体群 G_n。因此，我们同意莱昂纳多(Leonardo)的意见，即下表中列出的是仅有的可能的中心对称：

$$\frac{C_1,\quad C_2,\quad C_3,\quad C_4,\quad C_5,\quad \cdots;}{G_1,\quad G_2,\quad G_3,\quad G_4,\quad G_5,\quad \cdots} \qquad (*)$$

实际上，C_1 意味着完全没有对称，G_1 意味着左右两边对称，别无他意。

当我们研究整个平面的装饰时，我们就必须考虑所有的运动，而不仅仅是那些使预先指定的中心 O 保持不动的运动。平面上的固有运动或是平移（如向量那样做平行的移动，或称平行位移）或是围绕一固定点（极点）的旋转。平面上的非固有运动是关于一根轴 l 的反射或是这种反射与一个沿着 l 移动距离 a 的位移的合成。在后一种情形时我们称 l 为滑动轴。两个平移的合成是可交换的，这是因为两个向量合成时是按照熟知的平行四边形法则形成的。如果一个给定的装饰的自同构群只包含平移，则仅有两种可能性：

(1)所有的平移或者说向量，都是一个基本向量的倍数：简单的无限和谐或称带状装饰。

(2)平移是由两个不同方向的基本向量合成而产生的：双无限和谐或称面装饰。我们将要讨论这一最有趣的情形，墙纸、地毯、花砖地面和拼花地板都属于这个范畴。一旦你张开双眼仔细观察，你将会惊奇地发现在我们日常生活中有这么多对称图形围绕在我们身旁。阿拉伯人当属几何艺术装饰的顶尖大师，我很快就要介绍给你们一件阿拉伯人的精美装饰，但还是先来点儿数学。

我们在平面上任选一个点 O，并由此来施行我们的装饰中所说的平移，结果就成了平行四边形网格 L（图 5）。任何运动 S 都可考虑为围绕 O 的（固有的或非固有的）一个旋转接着做一个平移。这种分解是唯一的，我们称第一部分，即旋转部分为简约的 S。给定的装饰所容许的 S 经简约后就形成一个有限的旋转群 f_0，因而就是上面的表（ * ）中的一个。它将网格映回到它自身。旋转群 f_0 和网格 L 之间的关系对双方都加上了某种限制。

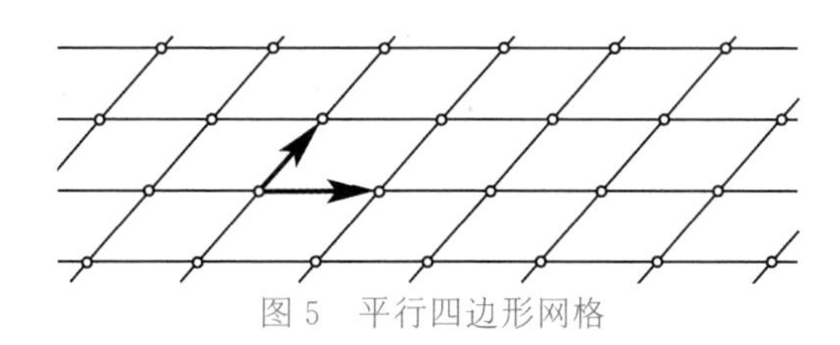

图 5　平行四边形网格

（1）说到 f_0，n 只可能取值为 2，3，4 或 6，因为网格不能有任何其他的对称。因此我们的自同构的旋转部分只能是下列 10 个群之一：

$$C_1, C_2, C_3, C_4, C_6,$$

$$G_1, G_2, G_3, G_4, G_6$$

特别 $n=5$ 是被排除在外的。实际上，因为此网格容许 $180°$ 的旋转，因此使它不变的最小旋转角必须是除得尽 $180°$ 的，或者说其必须等于

$$360°除以2或4或6或8\cdots\cdots$$

我们必须证明从 8 开始往后的情形是不可能的。设 $n=8$,并设 A 是距 O 最近的网格点,则整个八边形 $A=A_1,A_2,\cdots$ 由那些网格点组成(图 6)。因为$8>6$,所以边 A_1A_2 小于 OA。画出向量$\overrightarrow{OB}=\overrightarrow{A_1A_2}$。$O,A_1,A_2$ 都是网格点,B 应该也是一个网格点。但这样就得到了矛盾,因为 B 比 $A(=A_1)$更靠近 O。

很抱歉,上边的证明是否让你觉得不快? 请放心,牙已经拔出来了,在这个演讲中不会再出现如此复杂的几何推理了。下面的部分将更多地以叙事方式讲述。

(2)以上述 10 个群之一为对称群的网格是什么样的? 我将各种情况罗列于下。

C_1 和 C_2:完全任意的网格 L。

G_1 和 G_2:或是任意矩形网格 R',或是在 R' 上加上矩形网孔中心点产生的菱形网格 R''(图 7)。壁纸中用得最多的是 R''。

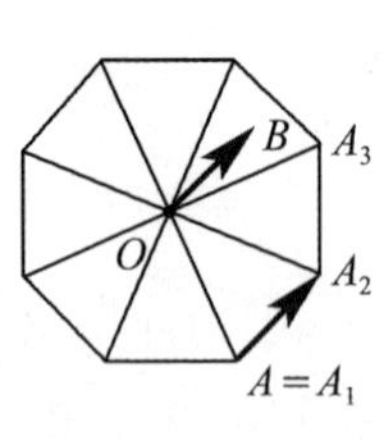

图 6　八边形

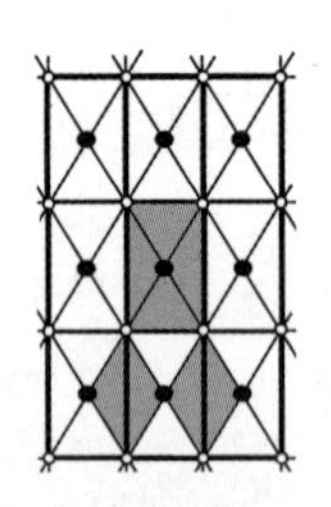

图 7　矩形和菱形网格

C_4 和 G_4：正方形网格 Q。

C_3，C_6，G_3 和 G_6：是由等边三角形做出的六角形网格 H，常常用作铺设(洗澡间的)花砖地面。

于是我们已见到了五种对称类型不同的网格。作为例子，我们描绘了一下六角形网格的全对称(图 8 的上半部分)。标记●△○分别表示重数为 2，3，6 的极点。6-极组成这种网格。所有的直线都是轴，在任意两条这样的平行线中间的线称为滑动轴。

最后我们还要从还原变换，即组成群 f_0 的旋转部分回到真实的变换。转角部分必是一个由对称 f_0 形成的网格 L 对应的楔形榫头。最近的研究表明，可能出现的不同的对称的数目从 10 增加到了 17。对于二维装饰来说，共有 17 种本质上不同的对称。所有 17 种对称群的例子可以从古代的装饰式样，特别从埃及的装饰物中找到。这些装饰式样所反映出的几何想象力与发明的深度是人们难以估量的，其构图在数学上也绝非是微不足道的。很清楚，装饰艺术中包含了我们所知的高深数学中最古老的一页。诚然，我们所讨论的问题的完全抽象的概念，即变换群的数学概念在 19 世纪以前是不存在的，而仅仅在这样的理论基础上，才能够证明这 17 种对称已穷尽了所有可能的对称，令人惊奇的是 4 000 多年前的埃及手艺人竟然已经知道了这 17 种对称。严格的完全证明

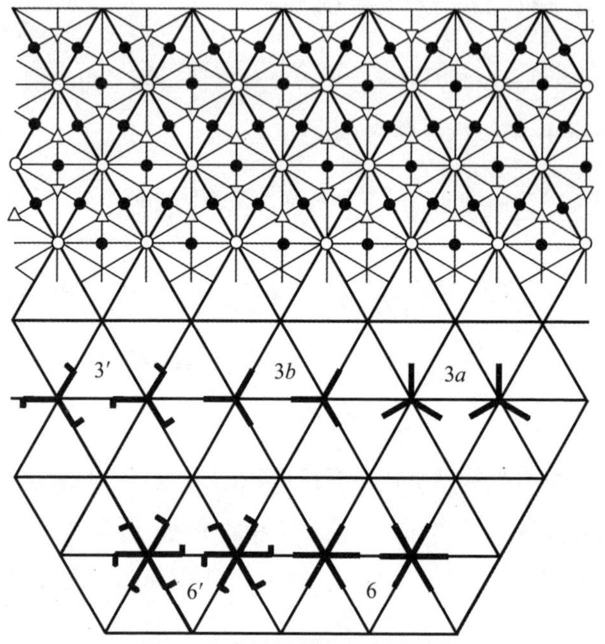

图 8　六角形网格和六角形对称

直到 1924 年才为苏黎世的波利亚(Pólya)教授给出。阿拉伯人曾对于 $n=5$ 这种情形摸索了很久,当然他们不可能真的将 $n=5$的中心对称用于他们的装饰中,他们试过了所有类型的容易让人上当的类似物。我们也许可以说,他们试验性地证明了五边形用于装饰的不可能性。

我要简单地谈一下用六边形做出的五种装饰对称。在图 8 的下半部分,我通过固定在网格点上的星状图形可得到简单的模型,在网格点上具有相同方向的星状云图看作相同的。其中有："6"是网格自身的全对称（约化群或类 C_6），"6′"去掉了轴对称（类 G_6）。"3a""3b""3′"将六个极点化为三个极点。"3′"没有轴对称（类 G_3）；而类 C_3 现分成两个子类："3a"类的轴穿过每一个 3-极，"3b"类的轴只穿过以前是 6 折对称的极点（只占总数的 $\frac{1}{3}$）。全对称"6"的最棒的例子是开罗 14 世纪建的清真寺的窗户，基本图形是三辫结，人们用高超的技艺将它们交织在一起。滑动轴特别明显，它们是图形轨迹的中间线。在格兰纳达的阿尔罕布勒宫的 Sala de Camas 的彩砖装饰就没有这种轴；群是"3′"还是"6′"取决于是否考虑了颜色。这是装饰艺术的最佳技巧之一，由某个群 f 表达的几何图形的对称可通过着色简约为由 f 的一个子群表达的低阶对称。同时，这图形使你感受到摩尔人装饰性建筑的迷人的整体效果。关于 3b 的例子可由简单的中国装饰给出，这里我给出一个正方形类 G_4 的例子（图 9），这是熟知的一种路面铺设图样。使人感兴趣的是其中没有普通的轴，只有通过 4-极（图中标出一个）的滑动轴。同一对称的更为精细的两个实例同样来自阿尔罕布勒宫。如果我唤醒了你对装饰的兴趣，我建议你去图书馆找大约 19 世纪中叶由伦敦的欧文 · 琼斯（Owen Jones）编辑的经典著作《装饰基本原理》，以及两卷本的《阿尔罕布勒宫的平面图、透视图、断视图及细目》。

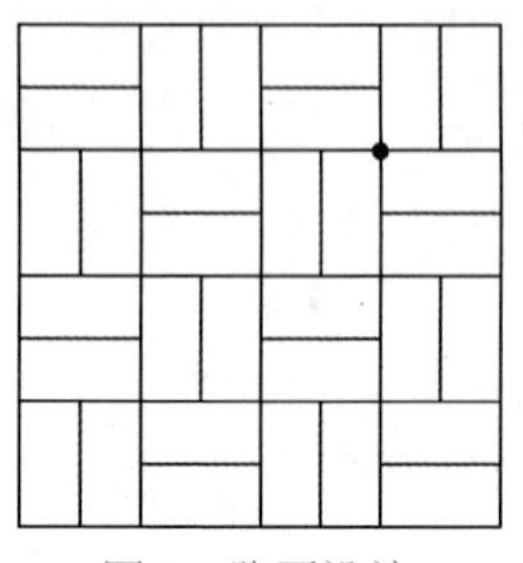

图 9　路面设计

关于二维情形我谈得足够多了,现在要转向三维空间。首先考虑的仍是中心对称:这时的情形与平面情形有根本的区别。在平面上,对每个边数 n,都存在正 n 边形。然而空间中只有五种正多面体:正四面体,正八面体,立方体,正十二面体以及正二十面体。古希腊对这五种正规立体比较熟悉,它们在柏拉图的自然哲学中起了显著作用。正二十面体和正十二面体的发现必定是整个数学史中最漂亮且最奇异的发现之一。在欧几里得的《几何原本》中,正多面体的构作是整部著作中的主要目的之一,也许这个目的对于建立几何的演绎系统是卓有成效的。更令人惊奇的是,我们现代意义的对称的概念和词语在古希腊似乎是没有的。欧几里得自己使用 σύμμετρος这个字表示“可公度”的意思,而正方形的边和对角线是ἀσύμμερτα　μεγέθη(不可公度的)。古代的非数学文献中σύμμετρος这个字的意义和“调和的”“和睦的”是一样的。开普勒在发现今日以他名字命名的三条定律以前很久,即 1595 年出版了《宇宙的神秘》一书,在书中他试图拉近行星系统与正多面体的距离,将正多面体视为球的内接或外切的多面体。他坚信他的这种诠释可洞穿造物主的秘密,他宣布对自己的预言有足够的信心。我们仍旧保持着他关于宇宙的数学和谐性的信念,这种信念一直经受着更广的和令人惊奇的试验的考验。当然,我们不再去寻找如正多面体的这种静态的和谐,而是要寻找动力学规律中的和谐。

从我们的观点看,正多面体问题与围绕一中心的固有旋转的所有有限群的构造密切相关。首先我们有 C_n,可以将它的作用解释为在空间中围绕垂直于原有平面的一根轴的旋转。空间中的旋转要有一根轴,空间中的反射则是对于一个对称平面而言的。另一种可能的运动是 G_n。在平面中围绕轴 l_1,l_2,…的反射,现在可解释为在空间中围绕同样的那些轴旋转 180°。除了这些我们在研究二维情形时已熟悉的相对平凡的无穷个($n=1,2,3,\cdots$)变换以外,仅有三种更为独特的可能:

将正四面体映为自身的固有旋转群 T,将正八面体或正立方体映为自身的固有旋转群 P(这两者是相同的)以及将正十二面体和正二十面体映为自身的群 I(这两者也是相同的)。

这些群的阶分别为 12,24,60。将非固有旋转包括进来使我们列的表扩充也非难事。如果除了阶为 1,2,3,4 和 6 以外再没有可容许的旋转轴,那么还剩下 32 个不同的群。

这 32 个群是约化群或者说是三个一组的无穷图案组成的三维装饰的类。在这些旋转上加上平移,则我们得到 230 个对称群,这些群分为我们所说的 32 个类。我们把对 1,2,3 维找到的相关的各种数目放在一起:

维数	类的个数	对称群的个数
1	1	2
2	10	17
3	32	230

我们用平面装饰来装点外貌。艺术从未走进立体装饰,它们是在自然界中被发现的。晶体中原子的排列就属于这类模型。可惜的是,我手头没有这种模型,但我给你们看两个模型的照片(方解石和岩盐)。这里用小球表示原子,分别涂着白色、黑色、红色,表示它们的种类是氢、碳、氧原子等。全部排列可看成是一个运动群,由可张成一个网格的三个独立的平移组成。这个群描述了晶体的微观对称,它只能在可观察距离为原子距离(约 10^{-8} cm 这一数量级)的设备下才可能看到。关于这是如何完成的,等一会儿我们就会解释。然而,约化群或者说类是描述晶体的肉眼可见的对称的,它规定了所有可用肉眼清晰辨别的性质,因此,不可能深入到原子内部结构。诸如晶体媒介的压缩性、折射指数这类物理量,一般而论都依赖于方向。随方向而变的光学性质的

变化使得钻石具有闪烁璀璨的光芒。对这样的量，我们可用图表表示，即从中心 O 出发沿这个方向画一条射线，其长度等于量的值。这个图必定有用约化群描述的以 O 为中心的对称。反之，当研究晶体在方向上表现出的所有物理性质的相关性时，我们又发现了它的约化群。因此，所有的晶体分为 32 类。这些性质之一，即晶体的增长速度，在理想条件下决定了晶体的外观形态，它与其内部的对称相符合。你们大概都曾在某个时候近距离地观察过雪花，甚至用放大镜来看，你们定会为它美丽精细的六角星形兴奋不已。晶体学家们用了一个多世纪仔细而彻底地研究了多于一个中心的空间的对称群。科学界没有人关注过在装饰艺术中如此重要的也是更简单的二维情形，关于它们的数学研究也一直被忽略，直到最近才引起关注。对于在艺术和物理学两方面的装饰和晶体的双重应用，显示了我们这门学科特别的魅力。

关于晶体有网格状结构的假设是从早期结晶学定律推出来的，这个定律比劳厄(von Laue)25 年前的发现要久远得多，劳厄发现的关键实际上是向我们揭示了原子的排列方式。我们靠光才能看，但光有特定的波长，通过光描绘出的像，对于尺寸比波长大的细节就相当可靠，而对尺寸比波长小很多的细节就完全被忽略了。普通光的波长是原子距离的 1 000 倍。X 射线具有与普通光一样的物理性质，而它的波长却恰为所需要的 10^{-8} cm 这一数量级。因此从晶体的

X 射线照片就可以见到其内部的原子结构。用这种方法劳厄做到了一箭双雕:他证实了晶体的网格状结构,并证明了X 射线由短波光组成,而这点在他之前还只是一种试验性的假设。我给你们看两张劳厄图。一张是闪锌矿石,取自劳厄 1912 年的原始文献;另一张是碳化矽(金刚砂),取自 O. 奥特(H. Ott)1926 年的文章。照片照的角度使得可以展示围绕一轴的四重或三重对称。你千万不要认为这个晶体内部照片十分逼真,在观察一条有几个波长宽的缝时,你得到的是一幅多少有点失真的像,它是由干涉条纹组成的。在同样的意义下,这些图也是原子网格的干涉图像。但是,人们能够从这样的相片中计算出原子的真实排列,尺度由照相时用的 X 射线的波长定出。

尽管这些失真损伤了 X 射线的形象,但晶体的对称还是被忠实地反映出来。这是下述一般原理的特例:假如确定一个唯一的结果的条件具有对称性,那么这个结果将表示出同样的对称性。阿基米德凭直觉就得出结论说:相等重量在等臂天平上是平衡的。事实上,整个的结构相对于天平的中心面是对称的,因此不可能天平的一边翘起而另一边下沉。同样的道理使我们确信,当我们掷骰子时,如果骰子是完美的立方体,那么掷骰子时每个面有同样的机会$\frac{1}{6}$。有时我们对于对称的一些特别情形能够做出预测,例如关于不等臂天平的平衡律，我们可以根据经验或者最终源于经验的物理原理去解决。据我所见，物理中所有的直觉（先验）的陈述，其源头都在对称中。

有了上述评论，我应该结束在装饰和晶体方面有关几何对称的讨论。我要飞到空中，迅速地鸟瞰一下对称在物理学中和数学中的其他重要应用。首先是相对论。相对性真正是对称的最基本的例子。在研究空间中的几何形状的对称之前，我们就应该考察空间本身，空的空间具有很高程度的对称。由于均匀性，所有的点都是同等的，没有什么客观的几何性质可以将这些点彼此区分，只能用可以代表它们的动作将它们区分，如用手指点着说“这儿”。同样的道理，在每个点处的所有方向也都是同等的。空间的充分均匀性或者说对称性，必须再次用它的自同构群来描述。空间中的点的交换 $\left\{\begin{matrix} p\rightarrow p' \\ p'\rightarrow p \end{matrix}\right\}$，如果它不改变点之间的任何一个可以想象的客观的几何关系，那么这变换就是一个自同构。例如 $R(p_1, p_2, p_3)$ 表示任何一种三元关系，诸如可用一句话表示的如下关系：p_1, p_2, p_3 在同一条直线上。我们要求任意满足关系 R 的三个点经自同构后的像 p'_1, p'_2, p'_3 仍然满足同一关系。相对性问题不是别的，就是确定空间自身的自同构群的问题。可以被一个自同构彼此相映的两个图形在几何中称为“相似”（similar）。正像莱布尼茨所说的，如果只考虑每个

(图形)自身而不考虑它们之间的相互关系是难以识别它们的。一个给定的几何模式(我们以前研究过)的自同构现在可以用更基本的术语来描述:它是将给定模式映到它自身的空间的自同构。当我们在平面上围绕点 O 画一个正六边形,则对于这个六边形而言,并不是所有从 O 出发的方向都是同等的,而只有构成六角形的那六个方向才是同等的。四维世界中的相对性问题,除了考虑空间的三维外还要包含时间,这个问题最终被爱因斯坦解决了。菲利克斯·克莱因(Felix Klein)在他1872年著名的《埃尔朗根纲领》中将各种几何分类,像度量几何、仿射几何、射影几何、保形几何等,分类的根据是它们的自同构群,无论是自然给出的还是特别约定的。克莱因宣称,几何是对于称作点的元素构成的任意集合的研究,它所关心的只是在给定的、点的变换群作用下保持不变的那些关系。这里变换群就起了自同构的作用。

到目前为止,对称在整个无机界中最富创造性的应用是量子物理,它研究原子和分子谱。在量子物理出现之前,在关于物质的谱线、波长和它们的排列规则等方面收集了大量材料,量子物理使得浩瀚的材料有序化,同时证明大多数定律(无论是定性的还是定量的)都独立于所有的动力学特性和假设,且是固有的对称性推出的简单结论。我们来考虑一个原子,它由几个电子围绕着固定在 O 的核运动的电子云构成(假定核是固定的,这样我们就略去了电子对比它重得多的核的反作用)。这里对称有两重意思。第一,围绕 O 的旋转对称。电子在转动中位置互相转换,整个情景犹如刚体围绕 O 运动,因此任两个位置都难以区分。这一对称由空间中的几何旋转群表示。第二,所有电子都是一样的。这种对称表达为 n 个电子的 $n!$ 种置换:在置换下彼此可达到的两个格局是难以区分的。这里我不可能详细描述如何从这两个简单事实导出原子谱的有序化。你必须相信我的这种说法,对称已帮助人们探明了进入如此变化多端和重要的领域的路径,再没有其他更重要和复杂的实例了。

最后,我要谈谈数学。我必须多说几句,因为最基本的概念,特别是群,最早是在数学中的应用,尤其是在代数和代数方程论的应用中发展起来的。代数学家是研究数的人,但他用数做的演算就有四种,即+、-、×、÷,因此他用他的方法能掌握的关系只有用这些运算表达的代数关系。例如下面是两个数 α 和 β 之间的一个代数关系:

$$[\beta^2+\alpha(5\beta-2)]^3-9\alpha+1+3\alpha\beta^4=0$$

现在我们考虑任意 n 个数的有限集合 $(\alpha_1,\cdots,\alpha_n)$,特别可设它们是一个 n 次代数方程的根。此时的变换是指这 n 个数 α_i 的置换;一个自同构就是一个保持根之间的可以想象出的任何代数关系保持不变的置换。一个代数方程根的自同构形成所谓伽罗瓦(Galois)群。伽罗瓦理论不是别的,就是关于这个集合的相对论。这个集合由于它的离散性和有限性，它在概念上比起用一般相对论处理空间中的无限点集要简单得多。伽罗瓦的思想在一本书中封尘了几十年，而一旦启封应用，对整个数学发展就产生了越来越深远的影响。伽罗瓦的思想写在他死的前夜给朋友的一封诀别信中，他因一场决斗而死，时年只有 21 岁。他的这封信是我所知的人类全部文献中最有价值的一份。我给出伽罗瓦理论的两个简单例子。

正方形对角线与边之比$\sqrt{2}$可由二次方程

$$x^2-2=0$$

确定。它们的不可公度性，即$\sqrt{2}$不是有理数，意味着两个根$\sqrt{2}$，$-\sqrt{2}$是代数不可区分的，或说它们彼此交换就是一个自同构。这是一个例子，希腊人就是通过它发现无理数的。毕达哥拉斯学派的这一发现给古希腊思想家以极深的印象，柏拉图的《对话》中的许多段落就是见证。

我的另一个例子是高斯成功地用直尺和圆规画出了正十七边形，当时高斯很年轻，只有 19 岁。当时他正在哲学和数学这两种选择之间动摇，这次成功对他下定最后决心学数学很有益。当我们固定 n 边形的一个顶点时，其他 $n-1$ 个顶点是一个$n-1$次代数方程的根。只要 n 是像 17 那样的素数，这些根就是代数不可区分的，这时的自同构就形成 $n-1$ 阶循环群，即该群可以用 $n-1$ 个等距标识来划分圆盘的方式来表

示,因为

$$17-1=16=2\times2\times2\times2$$

是 2 的幂次。我们可将这循环群缩短为子群,通过四步之后得到阶为 8,4,2,1 的子群。于是我们的 16 次方程的解可利用解四个相继的二次方程(或者说相继做四次开平方根)而得到。但这四则运算和开平方根恰是可以用直尺和圆规作图的那些代数运算。这就是为什么正三角形、正五边形、正十七边形可用圆规和直尺做图的理由:

$$3=2^1+1,5=2^2+1,17=2^4+1$$

($2^3+1=9$ 必须去掉,因为 9 不是素数)。近几十年来,代数发展迅速,生气勃勃,活跃程度超过了数学中其他大多数的分支。为了处理各种各样的结构问题,借助于群的自同构有特别的重要性并可以直达问题的核心。已故的伟大代数学家埃米·诺特的主要成果之一就是坚持了这个思想,并在代数的所有分支上得到了很多的应用。

我希望我已成功地使你对于对称在艺术、自然和数学中的深刻影响有所认识。对称象征着一种特殊类型的完美。无疑,这就会使得神秘主义者和神学家使用这个词或这个概念来描述或类比上帝本身的完美。现在我用安娜·威克姆(Anna Wickham)的一首短诗作为结尾:

主啊,我万能对称的主啊,

是你将那灼人的渴望植入我的灵魂，

让我在这无谓的追寻中耗费年华，徒添悲伤，

主啊，赐予我一个完美之物吧！

（冯绪宁译；袁向东校）

亨利·庞加莱[1]

(1854—1912)

“真理的探索应该是我们事业的意图;它是唯一值得我们为之工作的目标。”

“……正是这一(通过数学的规律来表示的)和谐是唯一的客观现实,是唯一的我们能获致的真理;而且我还要补充地说,这世界的弥漫于宇宙的和谐是一切美的源泉,人们将会理解,在逐步更好地认识它的艰苦的长途跋涉中,我们必须付出多少代价。”[2]

这些是庞加莱的《科学的价值》的开卷语,一本美不胜收的、被科学的热情之火照得通明的、在每一页里我们都能薰然于作者那种对纯粹真理的不容掺杂也不受局限的无懈追求的名世之作。只有怀有同样思想和情操的人,才能蠡测刚

---

① 原文刊于 Mathematisch-Naturwissenschaftliche Blätter,1912,9:161-163。——译注

② 引自《科学的价值》一书引言的最后一段(法文原本,第 10 页)。在紧接的上一句,庞加莱说明:客观现实,作为人类思维之所共有,只能是通过数学规律表达的自然界的和谐。为了准确地传达作者的原意,在引用时,外尔移植了括号中的几个字。——校注

辞世的亨利·庞加莱的一生的丰富与伟大(而这本书无疑正是他一生信仰的自白)。

为了近几十年内所取得的重大进展,数学和数学物理都要感谢庞加莱,这位在数学科学的好些个领域内都有所突破的奇才。我们面对着不朽的知识宝库的累累硕果,难抑心中的敬佩之情。正是这位大师凭借他的创造力,加以他对深刻联系的直观洞察力和他基于逻辑组合能力的过人技巧,这些硕果才被从深深的埋藏中发掘出来的。读他的论文和著作令人不仅仅陶醉于他的思想与见解所蕴含的绚丽多姿和渊博,即使其表达的形式与其行文的风格也使人击节不止。尽管他的文字是凝练自事实中最优美和最深刻的,它们却丝毫不因内蕴丰富而凝滞笨重,步履蹒跚,像满载的渔网被从深海中拖起那样,不! 它们是那么轻快怡人,摇曳生姿——像海鸥攫食于飞行之中,而空际闪烁着想象之雨的丝光……

庞加莱1854年4月29日出生在法国南锡(Nancy)。大学毕业后当了一名工程师,但不久便转入了纯科学研究的生涯。这对于他的生性来说简直像是前生注定了似的。从1881年起他就生活在巴黎。1886年他任巴黎大学教授,讲授数学物理和概率论。1896年起讲授数学天文学和天体力学,自1904年起又兼任巴黎综合工科学校普通天文学教授。在作为一个学者所能获得的一切荣誉中,他所享至丰。在近几年里,他也被选为法兰西科学院的"四十位长生者"①。今年6月17日他与世长辞,从而结束了他的非凡丰硕的科研工作。

像庞加莱这样一位由于突出的个性[像拉多斯(Rados)先生在颁发第一届波尔约(Bolyai)奖时所介绍的那样]而作为直观型学者饮誉于学坛,又不断从几何与物理的直观的不竭源泉中为其包罗无穷的科研工作汲取灵感的思想家,从他科研生涯的一开头起,就在埃尔米特(Hermite)的影响下一头栽进了黎曼(Riemann)以其伟大的函数论思想所开创的园地。他准确地看到了,在哪些关键之处黎曼函数论还有进一步营建的必要。通过结合富克斯(Fuchs)关于线性微分方程的工作,他发表了一系列精彩的、使得"Acta mathematica"(《数学学报》)的头几卷生色不少的论文,从而与克莱因(Klein)一起被推为自守函数理论②的缔造者。这些可刻画为在一个线性变换群之下保持不变的函数(椭圆函数和椭圆模函数都属此类,后者是克莱因工作的起点),从两个角度来说有着极重要的理论意义。首先,它们解决了单值化问题。这个问题早就由克莱因和庞加莱提了出来,但直到19世纪90年代才由庞加莱给出了第一个直接而完整的证明。魏尔

① 法兰西科学院院士的谐称。——译注

② 加线部分为原文间距较大的着重部分。——译注

斯特拉斯(Weierstrass)在他的函数论中，为了定义每一位置处的解析(特别是代数)图像(x,y)，需要借助于在此位置“局部单值化者”t来给出一个特殊的表示$x=x(t)$，$y=y(t)$。在黎曼那里，虽然可以借助一个参数p来给出整个图像的一个单值的表示，但它不再在整个区域，而是在一个“黎曼面”上变化。单值化理论的目的就在于，如何把解析图像在其整个路径的参数x，y表为在光滑复平面上变化的参数t，即“单值化者”的唯一解析函数，从而把魏尔斯特拉斯和黎曼的方法统一起来。这样一来，图像的解析计算，就比原来用魏尔斯特拉斯或黎曼的表示形式时要容易多了，就像在亏格为1的代数曲线时人们所早就熟悉的那样，这时单值化问题是通过椭圆函数来解决的。此外，在这问题上还涉及不少当前重新受到关注的研究课题——自守函数之所以重要的另一个原因是，它为我们提供了波尔约-罗巴切夫斯基(Lobachevsky)平面运动的非连续群中的黎曼曲面的真正的标准型。黎曼曲面的思想正是在这个群中得到了最纯粹的、不带任何偶然性的体现。如果说，三维欧氏空间的不连续运动群构成了我们可见于矿物的晶体形式的内在特征，那么二维非欧氏晶体就是黎曼流形的一个原像。这对于许多人想解决的一个问题，即把黎曼运用狄利克雷(Dirichlet)原理证明了其存在性的一切函数，用已知的解析表达式[它们又建立在与给定(闭)黎曼曲面相应的两个变元的代数方程上]真正表示出来,这又产生了一个同样意义但具有函数论上更高意义的问题,即建立类似的解析表达式,但不是把代数方程,而是把黎曼曲面看作它固有的标准型,即通过非欧运动群表出。虽然为解决这个问题目前还有许多事要做,但庞加莱运用他仿照椭圆函数建立的Θ-函数和Z-函数至少已经奠定了一个基础。

当然我们不可能在这里对庞加莱在自守函数工作上所得的重要成果一一加以介绍,也涉及不了他把它们运用到带代数系统的线性方程理论和阿贝尔(Abel)积分的约化理论中所得到的有趣的应用。但是关于阿贝尔函数,我们不妨在这里再简单提一提庞加莱所做的另几项研究,特别是他对柯西(Cauchy)残式理论在双重积分中的推广和他为两个变数的亚纯函数恒可写成整函数的商这一可表示性定理所做的证明,可说是为多变元解析函数的一般理论的建立做好了准备。庞加莱的工作也极大地推进了拓扑学——一门研究流形在一一的连续映射下的不变性质并且自从黎曼以后就在函数论中备受重视的几何学分支,特别是在高维流形方面的进展。

在单变元整超越函数的现代理论中——它是由黎曼的ζ-函数与解析数论,特别是素数分布理论紧密结合发展而成的。一开始我们就要遇到溯自庞加莱的一个大定理,它告诉我们,如何从与“拉盖尔(Laguerre)亏格”[1]相关的整函数$f(z)$的零点分布去估计其升幂级数展开式的系数的减小,以及

$$\max_{|z|=r}|f(z)|$$

在半径r无限增长至无穷时增长的强度。

我们放下函数论,再来看微分方程理论。在数学分析学的这两个主要领域里,我们有多少事情要感谢庞加莱这位天才!他彻底清除了我们对于发散级数的恐惧,因为他让我们看到,在讨论微分方程的积分时,借助这些级数所得到的“渐近表示”有多么大的用处。除此之外,我还会想起那一长串关于实微分方程积分曲线形状的研究。由于它们,人们重新对存在于实数中的关系产生了兴趣。想起他为微分方程组给出的周期解以及“渐近解”,后者在自变数增长时愈来愈贴近方程组的解。通过他在这些理论的研究中所建立的有力的解析工具,庞加莱在他的获奖论文“关于三体问题和动力学方程”(*Acta Mathematica*,1890)和专著《天体力学的新方法》中成功地为天体力学的发展注入了新的、强大的、作用久远的动力。虽然我对其他一些重要的单项研究成就,例如旋转体的平衡公式和Hertz波的折射等,不得不从略,但无论如

① 即现在统称的整函数的亏格。——校注

何至少还得提一下庞加莱用以解出位势理论中边界值问题的、富有启发性的清扫法(balayage),以及那篇长篇论文"关于数学物理方程"(1894)。在这篇论文中,这位大师根据H. A. 施瓦茨(H. A. Schwarz)的一个基本的不等式并且极有创见地利用了逐步逼近的方法,以数学的严格证明了连续质点系统的无穷"自振荡"的存在性并得出结论说,由这些振荡的叠加就可以得到这个系统所具的最一般的振荡。这些结果和方法是和积分方程理论密切不可分的,虽然我们要等到弗雷德霍姆(Fredholm)和希尔伯特的后续工作之后才真正开了窍。关于积分方程,庞加莱还有一项很早就做出的贡献:他是第一个描绘出无限行列式收敛判别准则的人。

在这里,我仅仅对庞加莱毕生工作的少数尖端成就做了介绍。由于篇幅的限制(就算不提还有出于作者本人的其他原因),要想对这样一位人物的全部贡献所具的杰出意义、他的作品在现代数学文献里所居的支配地位,以及他丰富的新思想和新方法所产生的硕果累累的影响做一个恰如其分的概括,真是谈何容易。他的精神在我们的道路上投下了耀眼的光芒!但是我们依然在黑暗中摸索,也许我们还要经过几个世代不懈的、艰巨的工作才能盼到最后的光明。但愿在这漫长的跋涉里总有庞加莱这样的擎着火炬的带路人!

“我们应该经受煎熬,应该不懈地工作,应该为取得一睹壮观景象的席位而付出代价,然而这是为了我们,或至少有一天我们的后来者能一饱眼福。”①

(陈家鼐译;戴新生校)

① 引自《科学的价值》的最后一节:为科学而科学(法文原本,第275页)。——校注

大卫·希尔伯特[①]

(1862—1943)

今年初的2月14日,大卫·希尔伯特在德国的格丁根逝世。在过去的几十年里,全世界都视他为健在的最伟大的数学家。他因在家里意外摔倒遭致大腿有创性骨折,后导致并发症病故,享年81岁。

希尔伯特1862年1月23日生于东普鲁士的哥尼斯堡(Königsberg)市。他降生在一个久居此地的家庭,这个家庭曾出过不少的医生和法官。他一生都操着家乡的波罗的海口音。很长一段时间,他都十分依恋祖先居住的这座小城。该市在他的晚年授予他荣誉市民称号,这实在是顺理成章的事。他曾就读于哥尼斯堡大学,1884年取得博士学位,1886年出任该校的无薪讲师;到了1892年,他接替他的老师和朋友阿道夫·胡尔维茨的位置,被任命为副教授,下一年又升任教授之职。在哥尼斯堡期间,他只有两次离开该市,

---

① 本文是外尔为希尔伯特去世写的讣告,原刊于《皇家学会成员讣告通报》(1944(4):547-553)和《美国哲学会年报》(1944:387-395)。——译注

一次是到埃尔朗根(Erlangen)大学听了一学期的课,一次是在取得讲师资格前的一年时间里,进行了游学活动,他到莱比锡拜访了菲利克斯·克莱因,到巴黎主要拜访了埃尔米特。按照克莱因的主动推荐,希尔伯特于1895年被召到了格丁根;之后他在那里一直生活到生命的终点。他是在1930年退休的。

1932年,他被选为美国哲学会(American Philosophical Society)的国外会员。

在哥尼斯堡开始学习生涯之际,他和比他小两岁的赫尔曼·闵科夫斯基建立起了深厚的友谊。他非常满意在1902年成功地让闵科夫斯基也来到了格丁根。这两位朋友的亲密合作由于闵科夫斯基1909年去世而过早地结束了。20世纪前十年是格丁根数学伟大而辉煌的时期,希尔伯特和闵科夫斯基无疑是当时真正的英雄,在那里生活的人都无法忘怀。克莱因则像遥远的上帝统治着它,菲利克斯是来自云端之上的"神";但他的数学高产时期已经过去。在这些丰产的年份,希尔伯特指导的学生写了许多有价值的学位论文,我发现论文的作者中有不少昂格鲁-萨克逊的名字,这些人后来对美国数学的发展起了相当大的作用。那里的物质条件适中而朴素,人们过着毫无拘束的科学生活。第一次世界大战结束后没几年,克莱因去世,理查德·库朗(Richard Courant)接了他的班,在短暂而悲惨的德意志共和国时期结束时，克莱因建立格丁根数学研究所的梦想终于成了现实。可是，很快又刮起了纳粹风暴，除了希尔伯特之外，曾在那里规划过发展蓝图或是教学的人星散到了世界各地。1933 年之后的那些年里，希尔伯特陷入了深深的悲哀与孤独之中。

希尔伯特个子不高，小脸庞上留着山羊胡，饱满而浑圆的头顶后来变秃了。他动作敏捷，散步时不知疲倦，能熟练地溜冰，还是个热心的园丁。1925 年前他一直都十分健康，可那年得了恶性贫血症。这种病只是暂时伴随着他不知疲倦的教学与研究工作。他是第一批接受鲜肝疗法的这类患者，这种疗法是哈佛的 G. R. 米诺特(G. R. Minot)开创的，事实证明很有效；无疑这在当时救了希尔伯特一命。

希尔伯特的研究工作实际上给数学科学的所有分支留下了不可磨灭的印记。他的研究可以相当严格地分为一个接一个的时期，在每个时期他都只热情专注地投入一个研究主题。也许，他最深入的研究是在数域理论方面。他的关于"代数数域理论"的里程碑式的报告，于 1897 年交给了德国数学家联合会(Deutsche Mathematiker-Vereinigung)。据我所知，1899 年后他再没有发表这一领域的文章。他的信念和经验告诉他，数学具有方法上的统一性。面对众多对象之间存在的相互关系，为了丰硕的研究成果，多产的数学家应该熟悉所有的领域，这对他是具有本质意义的。我在这里引用他的一句话："我们面临这样的问题：数学会不会遭到像其他有些科学那样的厄运，被分割成许多孤立的分支，他们的代表人物很难互相理解，它们的关系变得松散了？我不相信会有这样的情况，也不希望有这样的情况。我认为，数学科学是一个不可分割的有机整体，它的生命力正是在于各个部分的联系。”理论物理也被希尔伯特纳入了他的研究领域；自1912年开始的十年间，它成了希尔伯特兴趣的中心。对他而言，重大的富于成果的问题是数学的活的神经。“正如人类的每项事业都追求着确定的目标一样，数学研究也需要自己的问题。正是通过这些问题的解决，研究者锻炼其钢铁般的意志和力量。”希尔伯特于1900年在巴黎国际数学家大会上的演讲很有名，他努力试探数学即将来临的发展，提出了23个未解决的问题；今天回顾起来，它们确实对其后43年里的数学的发展起到了杰出的作用。希尔伯特方法的特点是直接针对具体问题并利用任何运算手段去攻它；他总是要追到问题最初的简明提法。当线性方程理论从有限变量转向无限变量时，他开始会避免使用行列式这种运算工具。真正伟大的意义深远的例子是他制服了狄利克雷原理。该原理起源于数学物理，为黎曼的代数函数与阿贝尔(Abel)积分理论提供了基础，后来便成了魏尔斯特拉斯无情批判的牺牲品。希尔伯特从总体上拯救了它。变分法已有的全部精练而成的工具被他自觉地搁置在了一旁。我们只要提到两个名字，R. 库朗和M. 莫尔斯(M. Morse)，就知道变分法中的这种直接方法注定会在现代起什么样的作用。我觉得在希尔伯特身上,在对单个具体问题的掌握和对一般抽象概念的提炼两方面,以一种特别幸运的方式达到了平衡。他生活在算法起着广泛作用的时代,因此他相当强调概念的运作;同时,我们在这一方向的进步一直少有人驻足思考,也少有人深入关心到底出现了什么问题,以致我们中的许多人已开始为数学的本质担忧。在希尔伯特身上,简单性和严格性携手并进。你们知道,对19世纪在连续统上运作的那部分数学的批判性反思,增加了对严格性的要求;但是大多数研究者都把它看成沉重的负担,使他们步履维艰。他们充满了渴望和内疚之情,凝视着分析学逍遥自在的欧拉(Euler)时代。希尔伯特则不然,严格性不再是敌人,而是达到简单性的促进者。当然,希尔伯特创造力的神秘之处不是上述评论所能讲清楚的。我觉得,更重要的是他对各种线索和暗示的敏感,它们在他解决具体特殊问题时,向他揭示出各种一般性的关系。在他研究数论的时期出现过最重要的例证,正是沿着这条路,他阐明了他的类域论的一般理论和一般互反律。

下面我将简要地回顾希尔伯特最重要的成果。1888—1992年,他证明了全射影群的不变量理论的基本有限性定理。他的方法尽管得到了不变量有限基的存在性的证明,但是并不能针对单个的具体情形给出实际的构造方法。因此,当希尔伯特的文章出现时,伟大的算法大家P.哥尔丹

(P. Gordan)惊呼:“这不是数学,这是神学!”这反映了涉及数学根基的对立意见。后来,希尔伯特通过进一步的深入研究,给出了进行有限构造的方法。

他关于不变量理论的文章产生了意想不到的影响,似乎一夜间让原来一直盛开的那支学科之花凋谢了。不变量理论的那些中心问题被他一劳永逸地终结了。他对数域理论的影响就完全不同,1892—1898 年他从事了这方面的研究。当看着他的一系列文章一步步从具体走向一般,恰当的概念和方法在演进,本质性的联系显露出来,这真是一大快事。这些文章展现了这个领域超乎寻常的富饶的前景。在纯数学方面,我要提到富特温勒(Furtwängler)、高木贞治(Takagi)、哈斯(Hasse)、谢瓦莱等人的名字;在数-函数理论方面,则要提到富埃特(Fuëter)和赫克(Hecke)的名字。

在接下来的 1898—1902 年,希尔伯特最关注的是几何基础,他被公理化概念俘获了。供他驰骋的土地已经齐备,主要是由意大利几何学派开辟的。但是,在这片土地上,只有少数几个有极好方向感的人在黎明前的朦胧中辨明了他们要走的路,太阳却突然升起了。我们看到,按照限定清楚的自明的(公理的)概念建立的几何,是一种假设演绎系统;它依赖于对空间对象的概念所做出的“绝对的定义”和公理所蕴含的各种关系,而不依赖于对其直观内容的描述。一种完全和自然的几何公理系统被建立起来了。公理需要满足逻辑上的要求,即满足相容性、独立性和完备性;根据相当多的特别构造的特殊几何,可以详细地提供对独立性的证明。今天,这些想法已不再稀奇,而希尔伯特的那些例子展现了他典型的创造力。几何概念以这种方式被形式化,而逻辑概念在其直观含义之前就起了作用。在下一步,逻辑过分屈从于形式化,于是出现了纯符号的数学——希尔伯特在这一阶段已思考过这一步,1904 年他在国际数学家大会上宣读的论文就是证明,为了从根本上论证无穷在数学中的作用,这一步是不可少的——从 1922 年开始的最后一个研究时期,希尔伯特在这一方向做了系统的研究。跟 L. E. 布劳沃(L. E. Brouwer)的直觉主义相反,希尔伯特试图通过证明其形式化后的无矛盾性,来拯救数学的全部财富,而前者却要迫使数学放弃大部分站不住脚的历史成果。无可否认,真理的问题于是转变成了相容性的问题。后者在有限的范围内由希尔伯特本人与 P. 贝尔奈斯(P. Bernays)合作,以及冯·诺伊曼(J. von Neumann)和 G. 根岑(G. Gentzen)所解决。不过,近期由于 K. 哥德尔(K. Gödel)惊人的发现,对这方面的研究已变得大有疑问。布劳沃已向我们说清楚,在什么范围内直觉上肯定的东西缺乏数学上的可证性;哥德尔则反过来说明,在什么范围内直觉上肯定的东西超出了(按任意但确定的形式主义)能够用数学证明的范围。数学的终极基础和终极意义(the ultimate foundations and the ultimate meaning of mathematics)的问题仍然没有解决;我们不知道沿着什么方向能找到它的最终答案,甚至也不知道是否存在最终的客观的答案。“数学化”(mathematizing)可能像语言或音乐一样,是人类的一项创造活动,具有基本的原创性,对它做历史的判定不可能做到完全的客观与理性。

一次偶尔的机会,在1901年希尔伯特的讨论班上,瑞典数学家E.霍姆格伦(E. Holmgren)报告了当时刚发表、现已成为经典的弗雷德霍姆有关积分方程的文章,这刺激了希尔伯特开始这一课题的研究,并一直延续到1912年。弗雷德霍姆只限于建立一种与线性方程理论相类似的理论,而希尔伯特认识到这种向二次型主轴上的变换的类比为物理中的振动问题导出了特征值和特征函数理论,他在积分方程和无穷多未知量求和方程之间建立起平行关系,然后把“完全连续”的谱理论推向更一般的“有限制”的二次型理论。这些结果今天为我们提供了一般希尔伯特空间理论的框架。让人吃惊的是,积分方程在众多的数学与物理学分支中找到了各式各样的重要的应用。我要指出的有:希尔伯特本人对线性方程的黎曼单值性问题的解,这是在指定黎曼面上的代数函数的存在性定理的深刻推广;他对气体动力学理论的研究;还有连续紧群表示的完全性定理;最后是近期利用希尔伯特的方法成功完成的一项成果,即实现在任意黎曼流形上的调和积分的构造。所以,是在希尔伯特的手上,弗雷德霍姆的伟大思想才得以大展宏图。当然,积分方程理论在世界数学界长期流行,并产生了大量文章,其中大部分只有短暂的价值,这也是希尔伯特的影响所致。自 1923 年始(海森伯和薛定谔),人们发现希尔伯特空间的谱理论是研究量子力学的合适的数学工具,这虽不是他的功劳,却是他的好运。这一刺激导致了用更精巧的工具重新探究这些问题蕴含的全部复杂性(冯·诺伊曼、斯通和其他一些人)。

研究积分方程之后是希尔伯特的物理学研究时期。作为一名全面的科学家,这项研究对希尔伯特是有意义的,但收获比纯数学方面要少,这里就不谈了。我要提到的是另两项多少有点孤立的成就,它们有重要的影响:彻底弄清了狄利克雷原理;以及对有百年历史的著名的华林(Waring)猜想的证明,该猜想说每个整数都能写成四个平方数之和,对从平方到任意方次也都有相应的结论。物理时期之后的最后一个研究时期,实际在前面已经提到过,其间希尔伯特赋予了涉及基础和数学本身的真理问题以全新的面貌。希尔伯特此期间在教学方面的成果是他和科恩-福森(Cohen-Vossen)合著的迷人教科书《直观几何学》(Anschauliche Geometrie)。

上面的简要介绍远不是完全的,但已充分说明希尔伯特的数学工作之深广程度——整个数学时代都打上了他的精神印记。当然我并不相信单凭他的研究工作就能说明他所发出的光辉和巨大影响。另两位格丁根人高斯(Gauss)和黎曼是比希尔伯特更伟大的数学家,不过他们对同时代的人的影响无疑是比较小的。部分原因是时代条件不同,但这两位的个性更具决定性。希尔伯特的个性中充满了生活激情,他寻求跟其他人的交流,乐于去交换科学思想。他有自己非常自由的学习和讲课的方式。他广博的数学知识得自于跟闵科夫斯基和胡尔维茨的交谈,直接从课堂上获得的并不那么多。"在八年间日复一日的无数次的散步中,"他在纪念胡尔维茨的讣告中说,"我们浏览了数学科学的每一个角落。"他后来在教他的学生时,重现了他向胡尔维茨学习的情景,常带学生去格丁根郊外的森林远足。如遇雨天,他们就像逍遥派学者那样,在希尔伯特家带篷的花园里散步。他的乐观主义,勇于思考的热情,以及对科学价值的不可动摇的信念,具有不可抵御的感染力。他说:"相信每个数学问题都可以得到解决的信念,对数学工作者是一种巨大的鼓舞。在我们中间,常常听到这样的呼声:这里有一个数学问题,去找出它的答案,你能够通过思维找到它,因为在数学中没有不可知(ignorabimus)。"他的热情是跟批判精神而不是怀疑主义为伍的。在他的圈子里,不存在虚假的漠然,"戏谑人生",或是玩世不恭。希尔伯特非常勤奋,他喜欢引用利希滕贝格(Lichtenberg)的话:"天才在于勤奋。"所有这一切使他的周围总是有轻松的笑声。他的建议具有一种控制力,人们觉得不管他做什么都是重要的;他的洞察力和经验鼓舞人们按照他的提示去获得成就的信心。他不只是个科学家,而且具有科学的个性,这是有决定意义的;因此,他不仅能教给别人他所从事的科学中的技巧,而且能成为一名精神领袖。尽管他不认为自己的观点隶属于哪一派成熟的认识论学说或哲学学说,但在他关心作为独立整体的人类的精神生活方面,够得上是个哲学家;他有能力唤醒人们来思考它,他觉得有义务在自己的圈子里讨论它,而且用它来衡量自己个人的科学努力。最后,但仍很重要,那就是环境帮了他的忙。像格丁根大学,在 1914 年前是个和平宁静的乐园,特别有利于活跃的科学学派的发展。一旦有一帮热衷于研究的弟子聚在希尔伯特周围,又不必去操心繁重的教学事务,那么他们很自然地会在围绕相关目标的激烈竞争中互相促进,而不需要事事依靠这位大师。

他的祖国以及美国,属于彻底受到希尔伯特影响的国家之列。他对美国数学的影响不限于他直接教过的学生。例如,希尔伯特在几何基础方面的工作深刻地影响了E. 穆尔(E. H. Moore)和维布伦;希尔伯特的积分方程则影响了 G. D. 伯克霍夫(G. D. Birkhoff)。

希尔伯特的个性也反映在他对人生中各种强大力量——社会和政治机构、艺术、宗教、道德和习惯、家庭、友谊、爱情——的态度上。可以有把握地说,他在所有的问题上，无论是政治的、社会的还是宗教的，都异乎寻常地摆脱了民族和种族的偏见，他永远站在自由一边，常常孤立地反对周围强大的多数。大家不会忘记在1928年博洛尼亚(Bologna)国际数学家大会上，他受到了全体与会者的长时间的热烈鼓掌，那次是德国人经过长期斗争后再次被允许参加的第一次会议。掌声表达了对这位伟大数学家的崇敬，每个人都知道他刚从重病中康复；同时也表达了对他在这场战争中所持独立见解的尊敬，他认为人们应该超越这场混战，这种态度在世界大战中从未改变过。对他的崇敬、感激和热爱，将跨越死亡之门，永远留在这个国家和海外的许多数学家的心中。

（袁向东译；冯绪宁校）

德国的大学和科学①

你们已经听说我是一个数学家。我的兴趣一直集中于科学本身,而不是它的科学机构和科学组织。不过,今晚我要谈的主要内容是关于德国的大学和科学研究机构,所以我恳求诸位理解我不是谈论这一主题的专家。我是通过我个人的亲身感受来了解德国和德国的高等教育的。我生在德国并在德国受教育,我在格丁根大学教过书,先是在第一次世界大战前当过三年半的无薪讲师,再就是在1930—1933年任正教授,其中有一年半是在纳粹党的控制之下。在1913到1930年间,我有一段时期在瑞士苏黎世的联邦工学院当教授。

我看了几本有关这一主题的书,以增加自己在这方面的知识,我建议你们也注意一下这些书:

弗里德里希·保尔森(Friedrich Paulsen)的《德国的大

---

① 原题:Universities and Science in Germany。刊于Mathematics Student(《大学生数学》,印度,马德拉斯)21卷1期、2期(1953年3月至6月)。——译注

学》:一本德文名著,1902 年出的德文版,1906 年出的英文版。

詹姆斯·摩根·哈特(James Morgan Hart)的《德国大学,个人的经验之谈》,1874 年在纽约出版。普林斯顿图书馆藏有这本书,它已被翻得很破旧,说明多年来它在美国大学生中很受欢迎。

亚伯拉罕·弗莱克斯纳(Abraham Flexner),我们高等研究院令人崇敬的创立者,在 1930 年出版了一本书,题为《美国的、英国的、德国的大学》。

令人惊奇的是,我们会发现哈特和弗莱克斯纳在他们认为是值得赞美或应该责备的事情方面,观点是多么一致。

关于纳粹统治时期德国大学的历史,我查阅了 E. Y. 哈茨霍恩(E. Y. Hartshorne)的书《德国大学和国家社会主义》(1937 年),你们也可以去查阅。

首先我将讨论到 1933 年为止德国的大学与科学研究的组织和历史,然后简要地评论一下在纳粹统治下这两方面所遭遇的厄运。

我相信下面这句话是真的:延续了几百年的德国政治史是引起灾难的历史,只有她的高等教育史是带来幸运的。德国人民在他们的几乎整个历史进程中,其政治生涯是不自由的,但在他们的大学里,自从 18 世纪这些大学具备了现代特质以来，一直到 1933 年，智力创造中的自由精神始终都很强大。美国人斯坦利·霍尔(Stanley Hall)在 1890 年时曾说过："德国的大学是今天世界上最自由的场所。"

我是在威廉二世时期度过我的学生时代的，要是让我来描述那时德国的社会体制下的价值标准的话，我要说有两个社会阶层较之美国享有高得多的威望：军人和学者。毫无疑问，德国存在着崇尚军国主义的思想，但这只是德国形象的一个方面：德意志民族不但以她的军队而自豪，而且以她的大学而自豪。帕默斯顿(Palmerston Lord)①就把德国当作该死的教授的乐园。德国人拥有献身智力和艺术活动的天赋和热情。虽然，跟受等级支配的帝制德国相比，我更喜欢在拥有旧式民主政治的瑞士生活；但德国人有一种特性：他们真诚而热烈地关心着跟心智有关的一切事情，这使我总是更爱我的老同胞们而不是那些更严肃的瑞士人。在德国，与大学有联系的每个人和每件事都受到最广泛的尊重。

有关 19 世纪 90 年代德国大学生活的一些轶事可以说明这一点。库诺·菲舍尔(Kuno Fischer)是海德堡大学的一位二流哲学家。一天，他房前的大街正在铺设新鹅卵石，工人们的喧哗声搅得他心烦意乱。当时他正被提名到柏林去担任

---

① 帕默斯顿勋爵(1784—1865)，英国政治家，全名亨利·约翰·坦普尔(Henry John Temple)，曾历任英国外交大臣，并两任首相。

一个教授职位。所以他推开窗户对那些工人喊道:“如果你们不马上停止吵闹,我就接受去柏林任职了。”于是工头跑去找市长,市长召集建筑工们商讨对策,最后决定暂缓街道的修复,等到学校放假之后再动工。

实际上,德国政府中的每个男子都通过了德国高等教育体系规定的学业,即预科学校和大学。另一方面,如下情况也是真实的,大学教授的威望止步于政治领域;他们在公共事务上的影响力几乎为零。在帝制德国,不可能想像一名数学教授会像法国的保罗·潘勒韦(Paul Painlevé)①那样成为军机大臣。在德国,那些富有学识的人本可以成为杰出的领袖,不仅在思想领域,而且在实际行动上——我想起经济学家马克斯·韦伯(Max Weber)的例子,他在1920年的去世是年轻的德意志共和国的重大损失——但在1918年之前,他们被完全排除在政治活动之外。

虽然帝制德国肯定不是一个民主国家,但在准许进入高等学府的条件方面,德国比法国和英国自由和民主得多。大学里的学生无须付学费,其他费用也很适度。学生靠在假期打工来挣够自己全部或部分花费的情况出现在第一次世界大战

① 保罗·潘勒韦(1863—1933),法国数学家、政治家,就读于巴黎高等师范学校和巴黎大学,1887年获数学博士学位。后在里尔大学、巴黎大学、巴黎综合工科学校任教。1990年当选为法国科学院院士。在1906年至1932年间曾任陆军部长、航空部长和总理等职。——译注

结束以后。在我念书的时代,学生在假期应该留在家里学习,从事体力劳动被认为是与他的社会地位不相宜的。有些人,但数量不多,靠做私人家教来挣钱。以上情形在1918年后有了根本的改变。从另一个侧面看,大学明显就是为智力精英而设,而不是面对广大民众的。在德国大约有二十所大学。纳粹时期,政府将整个帝国每年招生数限制在15 000名以内;到1933年以前每年招生数量已经略微超过20 000人。这些数字对于六至七千万的总人口来说并不乐观。

现在我准备分三个标题对德国大学体系做更系统的描述:(1)教学与研究的结合;(2)Lehr和Lern-freiheit,即教与学的自由;(3)学者自治团体与国立机构的比较。

教学与研究的结合是现代德国大学的基本特征之一。在德国,各大学的教授都是从事独立研究的学者,反过来也一样,所有重要的学者和科学家也都是大学里的教授,这是最正常不过的事。所以科学伟人同时也是与学术青年朝夕相处的真正的教师。英国的情况就不是这样,在19世纪,那里的教学几乎都交托给学院的特别研究员和指导教师,整个国家的科学生活与古老学府牛津和剑桥的联系是松散的。法国的情况也不是这样,至少在很大程度上不是这样。在法国,古老的大学和很多其他有悠久历史的机构被大革命毁掉了。在拿破仑(Napoleon)时代所建立起来的新机构,不再植根于中世纪大学的传统;而在英国和德国中世纪大学的传统一直延续至今。可以稍微夸张地说:在英国和法国,那些一流的头脑在大学之外,在德国则是在大学之内。因此在德国,大学对国家生活施加了更加广泛和更加重要的影响。如果说今天德国大学的研究与教学相结合的特色和几十年前相比已不那么突出,那只是因为其他国家已经在朝这个方向发展。美国的研究生院就是一个例子。

要真正了解德国的大学,不能不说说它们的历史。它们的传统像大多数欧洲的大学一样,导源于 12 世纪最后的 25 年间建立的巴黎大学。中世纪大学的各种特权是由罗马教皇的训谕确立的,教会独自管理着全部教育。不过到了晚些时候,若干个国家的皇帝或最高统治者同意作为罗马法的表率,而大学则在该法律之下运作。这样,大学从本质上就成了一个拥有自己的管辖权和司法权的自治团体,一个由学者们,即生活在学院里的教授和学生组成的团体。他们选举他们的校长和大学管理委员会,两者都在限定的时间内任职;最早期的校长不一定是教授,而可能是学生。教师们分别组成四个教授会——神学、法律、医学和“基本技艺”;学生则按国别形成团体。教学由讲课和辩论组成。“基本技艺”具有预备知识的特征:学生要在三或四年时间里,依照亚里士多德(Aristotle)、欧几里得和托勒密(Ptolemy)的教导,接受基础科学、逻辑学、物理学、数学(含天文学)、心理学、伦理学和政治学的教育,可以获得学士(Baccalaureus)和技艺硕士

(Magister Artium)的学位。此后,学生可进入到另三个更专业的教授会中的一个去学习。这些中世纪大学的教学和学位受到整个基督教世界的承认,而不受任何国界的限制。他们全心全意地信奉由关于上帝和世界的信仰、知识和思想所构成的经久不变的传统:真理被认为是上帝一劳永逸地赐予的,并通过教学代代相传。

现代德国大学保留了不少中世纪大学的特征,尤其是划分为四个教授会的做法。但是最后那个"基本技艺"教授会现在称作哲学教授会,在18世纪上半叶已完全改变了它原来的作用和意义。宗教改革以及宗教战争所带来的丑恶的标准,即 hujus region ejus religio(意指君主的信仰决定他的臣民的信仰),剥夺了大学的普适性的特征,它们成为一种地域性的机构,当然仍然还是教会的机构,因此仍带有教派的特征。狭隘的教派正统观念的阴影笼罩在它们身上。但是在17和18世纪世俗化过程的影响下,告解圣事的教会的权力最终被国家或君主接管。从那时起,德国的大学成了国家的机构。但是我们现在关心的不是政治的变迁。德国本土的非物质方面的发展在18世纪初期就开始了,那时就有典型的德国式的教学与研究的结合。在莱布尼茨和克里斯蒂安·沃尔夫(Christian Wolff)的哲学以及沃尔夫个人的影响下,位于哈雷的普鲁士大学的哲学教授会,成了物理学、数学、古典文学、历史学和哲学的自由研究中心。当其他三个教授会继续把培养牧师、医生、法官和律师当作首要的目标时，哲学教授会已不再为它们的目标服务了。它从助手的地位一跃而变得具有指导作用，成为很多职业都要依靠的基础科学研究和知识的基地与源泉。此时，独立研究以及为此而进行的训练是它的主要的任务。不久，英格兰国王乔治二世(George Ⅱ)作为汉诺威的统治者，建立了乔治亚·奥古斯塔大学，即格丁根大学，它自建立起就追随其竞争对手哈雷大学所走的路。逐渐地，独立研究的精神从哲学教授会扩展到其他教授会。真理不再是一种赐予，而是需要去探索的某种东西；大学里的教师应该教育和训练他的学生获得发现新真理的技艺，而不是讲解教科书中成熟的知识。这是德国大学，尤其是哈雷大学和格丁根大学的荣誉，它们开创了这一传统，而且首先赞扬了学术自由的信念，即研究、教学和学习的自由。随着沃尔夫革命的发展，教科书开始从德国大学消失了；200 多年之后，它们却仍是影响我们美国大学进步的最糟糕的阻碍之一。讲课仍然保留着，乃是教学的主要形式，而辩论活动则为讨论班所代替，后者的目的是引导和训练学生从事研究。在讨论班里，学生是活跃的合作者，实现了教师和学生之间“给予-获得”式的直接接触。

随着人们接受沃尔夫的唯理主义哲学，德国的大学在国家的智力生活中获得了统治地位。晚些时候的康德哲学，以及最后的从费希特(Fichte)到黑格尔(Hegel)的浪漫主义哲学,都起着类似的作用。另一方面,在法国和英国,事实证明那里的大学未能吸收同时代的哲学,而仍然停留在告解的立场上。上述哲学的扩散与渗透一直在改变着德国人的宗教狂热:传统宗教信奉和粗俗的、纯粹消极的无神论之间的冲突在德国从未发生过(至少在知识分子之间是如此)。让我再补充一句,德国的大学中既没有礼拜堂,也没有运动场。

由哈雷和格丁根开始的尝试,是由柏林大学完成的。后者建于1810年,正值拿破仑占领时期。这一时期德国在政治上极度衰弱,但在文化领域、文学和哲学方面却获得很高的成就;想一想康德、歌德、席勒(Schiller)等名字就足以说明这点。为新大学拟定蓝图的人是威廉·冯·洪堡(Wilhem von Humboldt)。他和他的兄弟亚历山大(Alexander)在他们自己从事的领域里是大学者,同时,又是有广泛影响的高瞻远瞩的政治家,有很高声望的思想解放者。他们是那种偶然归于统治阶级的杰斐逊(Jefferson)式的人物。在柏林,哲学家费希特、施莱尔马赫(Schleiermacher)和黑格尔站在他们这一边。“在柏林大学的创建上,”弗莱克斯纳博士说,“是旧瓶装新酒……从来没有一种古代的机构能如此彻底地改造得与另一种观念完全相符。”让我引用洪堡的备忘录中的两句话。他既想保持普通教育和专业教育的统一,又想让教学和科学研究相结合。“科学,”他说,“是一种基础性的事物;她是那样的纯洁无瑕,人们会全力并真挚地追求她,尽管有时会脱离常规。孤独和自由是科学王国中盛行的原则。”“孤独和自由”——我喜欢这样。后来当他坚定地提倡在大学中进行科学研究,而不是将其交给科学院时,他评论说:“听众当中总有相当数量的独立思考者,在他们面前无拘无束的口头讲演,在鼓舞起听讲者的热情方面,肯定不会比孤零零的阅读或学术界的松散联系差。”柏林大学先是为普鲁士的大学,而后为德国所有的大学树立了榜样。我热切希望德国在目前的衰落之后再出现一批有洪堡那样才干的目光远大的人,希望同盟国像拿破仑所做的那样,让他们开始重新再生的工作。

概括地讲,我可以说德国的大学做了四件紧密联系的事:(1)它提供了普适的科学教育,以最慎重、最庄严的形式将文化与智力遗产传给年轻一代;(2)它为牧师、法官和律师、医生、中学教师和行政机构中较高级别的部门提供专业训练(特别是哲学教授会对中学教师的培养);(3)它指导研究工作;(4)培养能从事独立研究的人。(3)和(4)这两项功能被认为是最重要的,尤其是在哲学教授会。德国大学的教授首先把自己看成是一名科学研究者。他的研究才能造就了他的名声。保尔森说:“语言学家、历史学家、数学家、物理学家在讲课时,好像他的听众都是学者和教授;讲课人似乎忽略了这样一个事实——实际上听众中的绝大多数注定是要从事实用性的职业,要成为中学教师的;或者他虽然没有忽略这一点,但他认为教师的最大价值就是提供真正的学术性的教育。”实际情况却是：作为一名中学教师，他几乎不需要使用大学数学系学生学习的一切较高深的数学。因此，就有一些人，例如共和国时期的普鲁士教育部部长卡尔·海因里希·贝克尔(Carl Heinrich Becker)批评这一体系。他认为这类高深的教学向哲学系的学生灌输了一种错误的职业理想，使学生们不能从容愉快地应对将来的职业。

哈特在前面提到过的一本书中说：“在德国人的头脑中，大学的概念包含着一个目标和两个条件；一个目标是Wissenschaft，意指最崇高的意义上的知识，即热情地、有条不紊地、独立地追求一切形式的真理，而完全不计功利。两个条件是 Lehrfreiheit 和 Lernfreiheit。Lehrfreiheit 意指教师的教学是自由的，可以教他选择的东西。Lernfreiheit 意指学生可以摆脱一切强制和必修的训练、背诵、提问、测验。”弗莱克斯纳博士曾长篇大论地批评美国的大学院校，因为它们试图通过做许多几乎无法共存的事情来为人们服务——例如，哥伦比亚大学在讲授哲学史课时又上一门管理私有乡村杂货店的课程。德国人在建立机构时喜欢清晰地划定其目的。他们为工程、农业、贸易、林业、矿业、音乐设立了高等学府，还有教育学院和各种科学研究机构；但是大学是有别于它们的另外一种东西。它的目标正像哈特说的，是追求最高层次上的理论知识。体育在这里没有位置。也没有教师学院和饭店管理系，后者是美国康奈尔大学新增设的一个系。

我这里有一本 1932 到 1933 年度冬季学期德国各大学的介绍。如果你从中任意选出一所大学,例如格丁根大学,你就能体会到我的意思。有些编外教师,他们不属于学校正式教员,为新生讲希腊语,还教诸如绘画、音乐、速记和剑术;由正编教师讲授的大量课程包括:新约神学,罗马民法,病理总论,直至庞培的地中海国家的历史,希腊化时代哲学,电磁学理论,胶质化学,偏微分方程。数学的核心课程是这些系统的高深课程,每门课都覆盖很广的领域,它们形成了数学教育的脊梁骨。这类课程在美国的学院里是不可能有的,因为它们太高深了;甚至在美国的研究生的必修课中也没有这些课程,因为这里的学生们过分专注于某个他们计划研究的主题。关于德国的办法,我在下面还有很多话要说。

有三种教育形式是被普遍采用的:讲大课,在教室或有助手帮忙的实验室进行实践练习,还有训练从事研究的讨论班。主要科目的讲课有大量的听众。柏林大学的一名数学教授讲高等代数课时,有四百到五百个学生听讲。这么大的听众数量使得这种讲课体系十分经济。但是,教授们也要在自己身边聚集一小群具有献身精神的学生,形成一个学派,门生们会不断地将新想法带给老门长。总的来说,德国的教授比起他们的法国同行来,更容易接近他们的学生和年轻学者。与我同时代的许多重要的美国数学家,都在格丁根的大卫·希尔伯特学派里待过。他们所有的人都能记住他们在格丁根度过的那段热情洋溢的日子。

现在我想对德国学生的 Lernfreiheit 多说几句。一旦被大学录取,他可自己选择去上什么课。在以后的几年里,他无须参加口头或笔头的考试。他可以自己选择老师并挑选他想听的课、想参加的实习和讨论班。通常,他有一到两次机会变更其大学。吸引他去某所大学的往往是有名望的优秀教师或杰出科学家,他想在他们的指导下学习。他可以听从教授的忠告,也可以不去理会它而自担风险。大学不会去控制学生的私人生活。那里没有任何惩罚。如果他不喜欢某位教授,他可以去听别人的课;他通常会在同一个领域的若干教师中选择一位。如果他不喜欢某所大学,他可以去上别的大学。如果他某一天不愿意去上课,他就可以离开;没有人会来干涉。他可以不住在校园的集体宿舍而在大学城里租房住,他可以在家里准备饭食或者去饭馆吃饭。这跟中世纪的 Bursen(学生群居宿舍区)或英国和美国的学院没有一点相似之处。学生无须付学费,但要为他听的每一门课付适量的费用;那只是使学生不缺课的一种外在的约束:他可以自由选择听什么课并为此付钱。他在注册听某门课和付费之前有两三周或四周的时间来做出决定;这期间他可以先旁听,就是到处去试听,为自己找一名喜欢的教师——如果他不喜欢某门课程就不必再去听,当然也不会去注册。

假如学生毕业后想从事学术工作或进入高层行政机构,

那么他在其大学生涯结束时必须通过国家考试，因此上述的无限自由实际上是打了折扣的。国家考试是国家对未来的医生、法官、律师、中学教师、牧师和公务员的考核，或至少是国家对这些考试实行最后的控制。例如，考核中学教师的委员会是由国家任命的，由大学的教授和教师组成；考试通常是在有大学的地方举行。考试的要求是用普通的措辞表达的；考试的内容覆盖某些领域，但不是大学里的考官们讲过的专门的课程。要求之一是候选者应该完成大学规定的学习时限，如三或四年。很清楚，这种要求暗示着对大学特权的优惠，这比所有其他特权合在一起还重要；不过像这类考试并不属于大学的职责范围。

大学里的德国学生享受着完全的自由，只要求对自己负责，可是通往大学的中学却执行着一种固定的学习计划，而不是选课体系。他们要遵守相当严格的学校纪律。他们的组织方式基于这样一种信念：在中学时期应向年轻人传输民族文化，这种文化是一个完整的整体，如果允许学生们自由地按自己的爱好从这块蛋糕上挑葡萄干吃的话，这种文化将会被毁掉。当然，他（或他的父母）可以从三类学校中做出选择：以教授拉丁语和希腊语的典籍为重点的预科学校（Gymnasium）；以教授科学和现代语言为重点的理科中学（Oberrealschule）；以及中间类型的实科中学（Realgymnasium）。凡在这三类学校通过了最终考试的学生，就获得了被大学录取的资格。接下来要说的是,从中学到大学的转变是一种突然的变化,是从严格的纪律和指导到完全自由与自我负责的变化。无疑它会给年轻人带来很大的危险。

的确,整个德国大学教育系统中存在的危险是不言而喻的。可能有太多的普通学生的努力归于失败或得益太少;流行的标准可能过高,应该做些调整,以便适合那些想进并已进入大学的相当宽泛的人群。从 1840 年到 1940 年,大学生的数量增加了五倍,而同时期人口才增加不到原来的两倍。不过这个体系在其能力范围内运行得非常好;就为科学和研究服务而言,它有一个极大的优点,这就是:可以从年轻的优秀储备人才中选出那些大有前途的适合继续做研究工作的人,这些储备人才在学习中已感受到研究精神,并因此得到了表现自己的进取精神的机会。我认为这就是德国科学研究获得成功和高质量的一个主要原因。

学生的 Lernfreiheit 是与教授的 Lehrfreiheit 相匹配的。再次引用弗莱克斯纳博士的话:“德国的大学教师追求走他自己的路,不会受到任何阻碍。他在课程的选择、讲课方式、讨论班的组成和生活道路方面是完全自由的。不论是教授会还是教育部都不能来监督指导他;他有一种尊严,从事智力活动的人都有这种尊严,他不靠任何人的命令办事。”或者像哈特所说:“大学自身就是法律,每位教授自己也是法律,每个学生则在属于自己的那根轴上以自己的速度旋转。”我在格丁根大学得到职位时,学校告诉我的只不过是每学期讲一门专业课和每两年讲一门公共课程。我想一周的讲课和练习时间为六到九小时是正常的。为了确保给学数学和物理的学生安排合理的课程内容,格丁根大学在这些领域教课的老师们,习惯于举行一种非正式的会议,在会上每位教师按资历深浅(指在大学服务的年数)的顺序宣布他下一学期的计划,并通过非正式的讨论做出令人满意的调整。等级和年龄的差别在这种会议上不起作用,不会由教务长来主持这种会议或影响所取得的共识。

在此,还值得讲一讲无薪讲师(Privatdozent)的设立。在德国,你要从无薪讲师开始你的大学经历,这跟在美国从讲师(Instructor)开始一样。根据教授会组织的考核,无薪讲师得到 Venia Legendi(讲课的权力)。于是,在德国要想从事学术工作就须通过国家考试的规定,就有了一种明显的例外:要当某一所大学的教师的关键取决于这所大学本身,不受该大学教学人员以外的国家或政府官员的管辖。因此,无薪讲师跟教授不同,他不是国家任命的,因而没有工资。他讲课的收入,仅仅是听他课的学生交的听课费。他有讲课的权力,但没有任何义务。所以他可以投入他的全部时间和精力从事研究和讲课,也许每周讲两或三门他最感兴趣的课。由于这些课通常都比较深,不宜作为考试的内容,所以它照例只能吸引很有限的学生,他们对这些专门的课有比较深的和真正的兴趣。在中世纪的大学里，当你成为硕士(Magister)时可获得教书的权力；硕士有时甚至有义务去教基本技艺教授会设的课却得不到薪水。而且，这些硕士通常还在另三个较高级别的教授会属下当学生，师从不同的教授。他们就是德国无薪讲师的直接的先驱。

你们看，这种机制也有积极的一面：一名学生在年轻时只负担最轻的教学任务。他绝对是他自己的主人。他可以增长学识，发展他的思想，在喜欢他的课和他的人格的年龄小的学生圈里，学习教学的艺术。正像弗莱克斯纳博士所说的，无薪讲师代表了“学术界中最真诚最单纯的形式——引向一个受尊敬的职业生涯的值得尊敬的序曲”。哈特称之为“这一体系的命脉”。无薪讲师制度的弊端也很明显：经济上没有保障。在你已具备讲课资格后，你不知道还要做多少年的无薪讲师：两年还是十五年。有些人通过与富有的家庭联姻来解决经济问题，靠的是大学教师有很高的社会威望。也有其他较少引起反感的补救措施。在格丁根，正教授总是想办法让无薪讲师不时开上一门大课，比如说微积分，凭此他靠一年的收入能维持以后三年的生活。有时候，主要是在共和国时期，通货膨胀毁灭了这种好事，无薪讲师制度只好与研究生奖学金制度相结合，在某些特殊领域从事有薪水的Lehrauftrag(专设教学职务)。显然，所有这种妥协手段都以减少自由为代价。

讨论了研究与教学的结合，接着又说了教和学的自由，现在我要讲第三点：德国大学的自治到达什么样的程度？大学从它的教授里选举校长和大学管理委员会成员，通常的任期为一年。我认为以下情况是重要的：在所有社会活动中，如在各类典礼和庆祝会上，在贵宾招待会上，代表大学的是校长或本校某位学者，而不是国家相关部门的主管或官员。各个教授会也从自己的成员中选出主任，任期从一到两年不等，组织在各个教授会中的学者们自己管理大学中的主要事务，不受行政官员的干扰。我在1930—1933年是格丁根大学的数学-自然科学教授会的成员，我没看见过比它运作得更好更民主的管理机构了。教授会也授予学术头衔和博士学位，更重要的是决定无薪讲师的授课权。

另一方面，大学又是国家授权机构；教育部掌管对它的拨款，在设立新增教授职位上起决定作用，在为已有的职位任命新教授方面具有最终的发言权。后者的执行程序如下：先由教授会提出三个候选者，排好第一、第二和第三的次序。教育部部长并不受这些提议束缚；他有时根本不理睬这些提名，有时会驳回提名，并要求教授会重新推荐。但是通常他会任命教授会提名的一位出任教授，而且多半是排序在第一的那位。我找到的有关于此事的仅有的统计资料告诉我，在1882—1902年，法律教授会中有125名教授是根据推荐任命的，而另有15名是未被推荐或遭到反对的。弗莱克斯纳博士关于德国大学与政府的关系有如下说法:“根据 1914 年的资料,德国人有他们的国家垄断法,其中大学是同等地位的法律上的合作者,德国人比英国人和美国人在各自国内的机构干得好;他们的大学发展得越好,越接近自治,就越得到尊重并产生更广泛的影响。”洪堡的主张是,除了提供必需的手段并在选择与任命教授方面进行合作外,国家对大学没有其他的责任。“国家应该时刻铭记,”他说,“自己不应去做也不可能去做她(大学)的事,一旦去干涉就必然会妨碍她。”在纳粹时期之前,德国的政府在整体上一直遵循着他的忠告。比起美国总统与其在高等学术机构内的受托人来,德国政府对大学内部事物的影响要小得多。

教授分为两类,普通的和特别的,当然后者的数量要少得多。这样教师从本质上就有两个范畴,即无薪讲师和教授。在一所大学内职位的升迁起着很次要的作用,因此一名教师并不期盼这样的提升,格丁根的无薪讲师期望的是在某个时候能获得比如说海德堡的教授职位,而海德堡的教授则希望到本领域更重要的大学去当教授。他们的希望能否实现,几乎完全依赖于他们在德语世界的大学同行中的学术声誉。这样就形成全国性的竞争:每所大学都力求赢得最好的学者,以便提高学校的规格和对学生的吸引力。奥地利和瑞士的大学在组织上跟德国的没有什么差别,它们也加入这种普遍的学者交换中。例如我自己:在格丁根做了三年半的无薪讲师，然后在苏黎世当教授，在那儿工作时我曾拒绝了请我去卡尔斯鲁厄、布雷斯劳、格丁根、柏林、阿姆斯特丹、莱比锡的邀请，最后我又收到了格丁根的邀请。

无薪讲师只靠他的学生交的听课费维持生活。教授的收入则是双重的：他既可得到国家发的固定工资，也有听他的课的学生们付的全部或部分听课费。至少这是一种基本模式，当然已经有了一些改变。教授的任命是终身的，即使退休后不再担任教学工作，他还继续得到全额工资。一旦得到任命，国家没有法律上的权力剥夺他的教授职位和薪水，也无权将他调职和解雇。这些规章制度反映了大学教授有很高的威望。

与中世纪的学院比较，现在我们可以归纳出现代德国大学的如下特点：它保留了老式的四个教授会的分法，但已完全改变了哲学教授会的性质；尽管它已成为国家的机构，但作为一个有特权的团体，仍保持了大部分自治权；跟英国相比，它完全放弃了学生们或学生与教师一起生活在学院内的做法。从1810年起，它一直坚持以教学和研究的结合为办学的基础。哲学思想异乎寻常地参与这一发展过程中。

在上面描绘的这幅图景是令人愉快的，会给你留下深刻印象。我承认我所描述的可以说是理想的德国大学；照例没有去提及人性通常的弱点。若不是有德国的灾难性强权政治所引起的反感，世界舆论会相当一致地支持上述肯定性的看法。我可以举出一长串权威的美国人和英国人称赞德国大学的语录，从 1820 年乔治·班克罗夫特(George Bancroft)致信哈佛大学校长柯克兰(Kirkland)的评语："没有任何政府能像普鲁士那样清楚如何创办大学和中学。"到弗莱克斯纳博士 1930 年的断言："德国的大学，作为精心设计的、承担特定而又艰难的任务的机构，其机制比其他任何国家业已创造出来的机制都要好。"在德国人中，特别是那些身居要职的人中间，你可能会听到更多批评的声音。人们普遍承认英国和美国学生的生活更有生气。值得注意的是，弗莱克斯纳希望美国的机构向德国类型的方向变化，而与之相反，普鲁士教育部部长贝克尔在写于 1919 年的一本小册子中建议，德国大学要进行彻底的改革，以便使德国大学更像美国大学。

我毫不怀疑，由洪堡塑造的德国大学是使德国的学术与科学取得卓越成就的因素之一，那些成就曾受到全世界的尊敬。范西塔特(Vansittart)在他的名著《我的生活经验》中写了一章，题为"气泡的探查"，内容是说德国科学的重要性被极度地夸大了。对于他的论点，我可以举出大量的例子，说明它们常常是粗陋纷乱的，其中还不乏谎言。法国人费迪南·洛特(Ferdinand Lot)在他 1892 年写的书《法国的高等教育》中说："德国在一切领域(没有例外)的科学统治权，今天已被所有的人所认识。德国在科学上的优势正如英国在商业与海上的优势一样，也许还更强些。"有趣的是西班牙哲学家奥尔特加·伊·加塞特(Ortega y Gasset)在《大学的使命》(1930;英译本,1944)中的评论："既幸运又不幸的是，那个荣耀地、无可争辩地站在科学前沿的国家正是德国。德国人除了在科学上的巨大天赋和对科学的嗜好外，也有天生的、极难根除的弱点：即他们在思想上的本土主义、学究味和拒绝外界影响。"这些陈述可能在相反的方向上走得太远了；但洛特和奥尔特加对德国的了解可能比范西塔特更好一些。

让我们再看几项记录。德国人在他们称之为 Geisteswissenschaften，即所谓的各种认知科学与人文科学方面非常强。要找一位与兰克(Leopold von Ranke)①地位相当的历史学家，我们必然会想到雅典的修昔底德(Thucydides)②，但莫姆森(T. Mommsen)③距此要求已不远。历史语言学的批判方法，尤其是在古典领域，几乎完全是由德国人，包括 F. A. 沃尔夫、别克(Boeck)、拉克曼(Lachman)、格林(Grimm)兄弟、博普(Bopp，比较语言学的创始人)等发展起来的。德国还产生了一批第一流的哲学家；我只须提一提迈

---

① 兰克(1795—1886)，德国19世纪伟大的历史学家，代表作有《拉丁尼族和条顿民族的历史，1494—1514》。——译注

② 修昔底德(约公元前460—约公元前400)，希腊最伟大的历史学家。著作有《伯罗奔尼撒战争史》。——译注

③ 莫姆森(亦可译作"蒙森"，1817—1903)，德国学者，他的学术名著和文学杰作有《罗马史》。——译注

斯特·埃克哈特(Meister Eckhart)、莱布尼茨、康德、黑格尔就足够了。在19世纪下半叶,德国人在医学上一直处于领先地位,化学则一直领先到第一次世界大战。

但是我最好只限于谈论自己从事的领域:数学,以及毗邻的物理学。在数学方面,被人们一致赞誉为数学王子的人是卡尔·弗里德里希·高斯,他在19世纪上半叶活跃于格丁根。但是我得赶紧补充说,德国数学的总体情况与此不同。在德国从来没有像法国那样在18世纪末19世纪初出现空前的数学繁荣局面。1908年前后,在德国学习数学的学生中流行的看法是:法国和德国是我们这个领域中两个领先的国家,而且法国还稍稍领先于我们。法国于1918年后落后了,后来才又恢复过来。在这段时间里,美国已赶上来,俄罗斯也进展迅速。然而在数学的一个分支——可以称为数学的内部圣地,即数论方面,德国人比其他人都要优秀。在跟无穷大问题紧密相连的数学基础方面的情况亦然。在大约始于1870年的这一时期中,上述领域的主要的数学家是戴德金、康托尔(Cantor)、布劳沃、希尔伯特、哥德尔——除了荷兰的布劳沃外都是德国人。

说到物理学,德国比不上人才荟萃的英国,那里有如牛顿、法拉第、麦克斯韦、卢瑟福勋爵(Lord Rutherford)。赫姆霍茨(Hermholtz)大概可以与凯尔文勋爵(Lord Kalvin)摆在同一位置。但是,特别是在20世纪,德国人在一个重要的领域，即理论物理学方面胜过了英国。德国出了爱因斯坦。他的例子表明，按民族把人分成等级是多么愚蠢；爱因斯坦生于德国，在瑞士度过了他早期的科学经历，之后做了近二十年的柏林科学院院士。德国物理学家在原子物理学的近期发展——称为量子力学——中占有重要地位：从1900年马克斯·普朗克(Max Planck)引入普遍的作用量子开始，直到海森伯和薛定谔的彻底改变经典物理学的理论工作(1925—1926)。除了未免使其余事物相形失色的量子力学和相对论外，我还可以指出物理学中另两件出色的事件，那都是我目睹的事实。正如诸位所知，X射线是由德国人伦琴(Röntgen)发现的；马克斯·冯·劳厄首先利用它揭示了晶体内部的原子结构。他的方法对晶体学是最重要的，对于研究和检验各类材料如金属、纤维等在技术上也起着极重要的作用。格丁根的路德维希·普朗特(Ludwig Prandtl)是现代流体动力学之父，他的边界层理论使我们理解了是什么原因引起固体在水流或气流中所受的阻力。当然，德国人在数学和物理学上的成就，是通过与各国科学家的合作和思想交流而取得的。除了在战争年代，这种给予和获得是没有国界的。试图把绞在一起的绳索硬要分割开是愚蠢的，像一些纳粹狂热分子那样奢谈什么日耳曼数学或日耳曼物理是完全荒谬的。确实没有什么事物比数学和自然科学更国际化了。数学的概念是清晰的，命题是确实无疑的，理论是前后协调一致的，这对于美国数学家跟对于中国或印度数学家都一样，反之亦然。那已是老生常谈了。有的只是个人风格上的差异，但没有实质上的不同，跟国家和种族毫无关联。

让我们回来说一说机构的话题！

在德国，大学不是唯一的学习和研究的场所。除大学之外，在19世纪还出现过10所高等技术学校（Technische Hochshulen），在特点上与我们的工学院（Institutes of Technology）没有太大的差别。这是历史的偶然性所致的现象，当时工程技术没有添加到大学中成立第五个教授会，而是专门建立了单独的机构。毕竟工程技术与物理学的关系，就像医学与生物学的一样。我认为，拿破仑的巴黎综合工科学校（Ecole Polytechnique）的影响是出现这种情况的最根本的原因。苏黎世的瑞士联邦工学院是巴黎综合工科学校适应瑞士国情的结果——瑞士主要的大学都是德国式的，所以德国人就很容易采用了苏黎世学院的模式。因此，我愿意把德国的高等技术学校看成是巴黎综合工科学校与德国大学杂交的产物。

还有科学院的情况。科学院是一些学术团体，首先出现在文艺复兴时期的意大利。罗马的林琴科学院（Academia dei Lincei），巴黎的法兰西学院和科学院，以及伦敦皇家学会等现在仍很繁荣的机构诞生于17世纪。德国相应的机构出现得比较晚(三十年战争的后果!)。柏林科学院是由莱布尼茨于 1700 年建立的。德国其他的建在格丁根、莱比锡、海德堡、慕尼黑的科学院,以及都灵、斯德哥尔摩和列宁格勒的科学院,起码都是它的非直系的后代。鉴于当时自由研究的风气还未进入旧式的大学,也没有科学期刊,思想的激活与传播主要靠少数领头的欧洲学者之间的通信,莱布尼茨计划在整个欧洲建立起科学院的网络,他期待这些研究中心能够成为促进启蒙活动与各国和平共处的强大的联合体。他梦想着欧洲国家的统一,其基础是基督教的重新联合和所有人对真理的关心。——现今的德国科学院可以说是在大学的阴影下成长的,仅仅起着次要的辅助作用。它们像欧洲其他国家的姊妹机构一样,担负着不可或缺的快速出版研究成果的任务,从事着需要协同工作的事业,例如编纂拉丁语词典或数学百科全书。因为它们不是典型的德国式的机构,所以简单说一下就足够了。

研究事业的新发展始于 1911 年,那年威廉二世皇帝为科学的进步建立了威廉皇帝学会,其目的是组织独立的研究机构。这位皇帝劝说德国工业界的头面人物提供大数额的钱财以促进科学研究。开展国家间在科学领域的竞争并加强德国在竞争中的实力这一目标是相当明显的。学会开始是作为私立机构建立起来的;只是到后来的共和国时代,学会的财力逐渐减弱时,国家才开始参与进来。人们追随着原来行之有效的原则,每个研究所都是围绕已被证明有很强能力的研究者而建立的。威廉皇帝学会的第一任主席是哈纳克(Harnack),很奇怪他是一个神学家,学会章程就是由他写的。理论物理学家普朗克是他的继任。二人都是颇负盛名的博学者而非行政官员。从某种意义上说,这些机构标志着旧有的研究与教学结合的原则已被突破;在某些方面,它们还被视作是效率和专门化战胜了文化的象征。威廉皇帝学会之下设立了物理、流体力学、化学、金属、煤炭与纤维织物、生物与人类学、大脑研究、结核病、精神病、国际法及外国公法等研究所。研制原子弹的基础——铀原子的裂变,就是威廉皇帝化学研究所发现的。在1933年这些研究所的研究成果已超过了三十项,可以与大学的研究成果相媲美;它们甚至已走上了要超过后者的道路。由于它们本质上超出了国家的控制,纳粹政府也未能像接管大学那样迅速而彻底地改变它们。利瑟·梅特纳(Lise Meitner)是1938年离开威廉皇帝化学研究所的,据我所知她不是被解雇,而是按她自己的意愿离开并逃到了瑞典的。

在我准备这次演讲时,我把1933年以前德国的大学和科学的概况,与纳粹歹徒统治时期降临到它们身上的命运做了对比。不过,谁还会关心这种事呢?在过去六个世纪中所发展起来的、从未受过重大干扰的基本自治结构,比起那灾难性的十二年中所蒙受的短暂的破坏性变化来讲,远为重要得多。所以我只对后者略加几句评论。

纳粹宣传这样一种理论,继中世纪的基督教会大学是洪堡式的人文主义大学,而今后者已经走向衰落,即将被在他们的伟大领导下的政治性大学(Political University)所取代。因此,除智力之外,政治上的可靠性(由纳粹党的地方长官来确认)、在纳粹组织中服务的证据、强壮的身体都成了学生进入大学的标准。学生必须到劳动营去服务,必须参加体育必修课。用他们的措辞说,关键是看考生以后"在高级或领导位子上是否有能力完成塑造人民的政治、文化和经济生活方面的任务"。当教师的条件也如出一辙:获得讲课资格仅仅是第一个条件;他还必须参加社区营和特殊训练学院,在那里吃着粗茶淡饭,参加体力劳动,学习纳粹世界观,从而接受英雄种族的人生观。纳粹在老的和新创建的国家节假日筹划各种游行,在游行队伍中大学就像一支由行会的工匠歌手组成的同业工会,集教师、学生、职员、官员和工人于一体。

大学的自治行政机构根据领导的标准进行了改造。细节无趣之极。授予某人教书权的决定需要得到教育部长的批准。在一所大学内,党是由所有教师和所有学生这两大群体的内部支部来代表的。教授可能被解雇、被责令退休或是调职,而且到处都在充分利用这种可能性。不夸张的估算表明,大学教师因政治和种族原因被解雇的(在1933—1938年)有15%到20%之多。"学习自由"也被官方的学习大纲大大地削弱了。例如经济学的学习大纲规定:“在前两个学期学生要熟悉科学(science)的种族基础。人种与部落,人类学及史前史,德国人民在政治方面的发展(特别是近100年的发展),等等,都属于学习人文学科的初始课程。”1936年,一位美国观察家总结了他对当时的德国大学的印象:“曾把自己最好的特色赐予美国姊妹机构的德国大学,现在却继承了其中最差的部分。他们迷恋于体育,他们屈服于有限的职业教育理想,并且让课程整齐划一,甚至比最坏的教科书狂有过之而无不及。”还要指出一点,所有这些都是服务于跟美国格格不入的野蛮意识形态的。

注册人数下降到原来的60%。必须承认,人数减少的原因,部分是由一些深思熟虑的举措造成的,主要是有了政治性的限额体系和新的人选考察制度。但是,这种减少也是由于在那种体制下知识阶层和科研工作的声誉下降了,那种体制把科学的客观性看作一种偏见,与信奉劳动者、商业和国家之间的自由竞争理念相伴而生的一种偏见。

学生们——他们中许多人是热心的纳粹分子——曾希望实现其古老的梦想,即像中世纪一样,重新成为管理大学事务的合作伙伴,在决定人员的任命时享有一定的发言权,等等。在纳粹革命的最初几个月里,政府屈从了学生们的压力。但是情况很快就改变了。1934年,学生团体收到一份宪章,禁止他们从事上述干扰活动,并规定他们的主要任务是

“保证大学和人民之间永恒的、不可分割的结合,保证一整代大学毕业生都要扎根于他们的人民之中,并要有强壮的体魄和坚韧的精神”。这样,纳粹就背叛了学生,如同背叛了在希特勒(Hitler)任总理的第一任内阁中的同盟者、保守派成员和德国工人的热望一样。学生们服从了元首的命令,返回到他们的工作中。在1934年冬季学期开始时,达姆施塔特高等技术学校的学生领袖在讲话中承认,学生们过去走错了路,并保证他们会重新接受良好的科学技能和效率,以此作为他们追求的最高准则。世界上不存在完完全全是坏的事物:纳粹毁掉了一些花哨的学生联谊组织。各种联谊会与学生社团是德国大学生的生活中最使人不愉快的特征之一。取而代之的“同志之家”建立起来了,在那里学生们共同生活,不再按亲疏搞小团体(但是,这个组织似乎被证实是一种令人沮丧的失败之举)。

大学纳粹化的后果,是使人文科学的标准遭受了严重损坏;心理学、历史学、社会学、经济学等在很大程度上成为纳粹宣传机关的工具。数学、物理学、化学和工程学的情况则不同。尽管他们坚持种族和民族主义的思想体系,纳粹分子还是很快认识到科学技术是没有东西可以代替的。因此,数学、物理和技术方面的期刊继续发表一些好的论文,且数量没有明显地减少。在这些领域所造成的毁灭性后果,可能要过更长的时间才能看到。最后,我毫不怀疑,纳粹的衰败必将到来。因为，大学的权威来自由独立思想者组成的团体，而政府的权威是以法律和公共福利保卫者的身份出现的；当极权政府无视法律、无视对人民的责任，公然否认并摧毁大学的权威时，建立在这两种权威的平衡的基础上的系统是不可能继续存在下去的。

（袁钧译[①]；袁向东校）

---

① 中国科学院自然科学史研究所郝刘祥研究员仔细阅读了译文，并提出了宝贵的意见。译者深表谢意！

知识的统一性[①]

我很荣幸能在这个隆重的大会上给诸位讲一个人们普遍关心的话题：知识的统一性。它提醒了我14年前在一个兄弟般友爱的城市里，与我们相邻的一所大学举行的另一次建校二百周年的庆祝大会，原因大家很快就会知道。我在那次大会上讲演的题目是“数学的思维方式”，它的开场白听起来好像是对今天所要讲的题目的一种预感。我把那几句话重复一遍：“通过思维这一精神活动，我们试图来探知真理，同时有证据说明，也正是我们的精神活动带来了它自身的启迪。因此，正如真理本身以及可证实的经验一样，思维活动也有其一致性和普遍性。细想我们自己内心深处的思维活动，既不能把它归结为可以机械地使用的一组规则，也不能把它分割为互不相干的几个部分，如历史的、哲学的、数学的思维，等等。从表面上看它确实有一些特殊的技巧，并且有点与众不同，例如它跟在法庭上或在物理实验室中发现事实的方法是截然不同的。”关于这一信念，有“西

① 本文是1954年外尔在哥伦比亚大学成立二百周年庆典上的演讲。——译注

方哲学之父”之称的笛卡儿的表述更有说服力,他说:“科学的总体与人类的智慧是同一的,然而,人类智慧是保持稳定不变的,可运用于不同的学科,它虽受到来自各学科的干扰,但跟阳光受到被它照亮的各色事物的干扰一样,没有更多的差异。”

当开始综合评述人类知识的各种各样的分支时,用一般性的术语来陈述上面的论点比从细节上来论证要容易一些。恩斯特·卡西勒尔[①]在生命的最后几年与这所大学有密切的联系,此时他开始用他自己的方法——首先在他的伟大著作《符号形式的哲学》(Philosophie der symbolischen Formen,亦可译为:“象征形式的哲学”)中展开——探究了统一性的根源。而他的通俗易懂的《论人》(Essay on man)则很晚才在这个国家写毕,并于1944年由耶鲁大学出版社出版,它是上述那本书的经修订并浓缩了的版本。在这部著作中,他通过透彻地分析人类的文化活动和创造语言、神话故事、宗教、艺术、历史和科学,尝试着来回答“人是什么”的问题。他发现它们有一个共同的特征:符号,即用符号表达思想。他在它们中看到了“各种思路编织成的一张符号的网,这是一张由人类的经验组成的紊乱的网”。他说:“人不再生活在一个纯

① 卡西勒尔(1874—1945),德国犹太哲学家、教育家。他的哲学主要以康德著作为基础,扩大了康德的一些基本原则,以便包括范围更广的人类经验。

粹的物质世界中，而生活在一个符号的宇宙里。”因为说起“了解人类丰富多彩的文化生活的形态而言，仅仅使用理性这个词来描述是很不充分的”。最好把人定义为善用符号的动物，用以代替把人定义为有理性的动物。基于各种适当的结构范畴对这些符号形式的研究，最终应将它们展示为“一个与功能相结合的、而不是与物质相结合的有机的整体”。卡西勒尔让我们看到它们“在一个共同的主题下有如此多的变化”，还提出了一个哲学任务，“使这个课题能让人听得见摸得着，能够加以理解”。我赞赏卡西勒尔的分析中不自觉地显露出的一种具有罕见的普遍性的智慧，它涉及文化和智力的经验，以及它们的关系和后果；人们在他的书中仿佛看到了一组布列舞、撒拉本舞、小步舞和吉格舞，而不仅仅是在单一主旋律下的变奏。在书的最后一节，他本人强调“人的各种力量之间的张力和阻力，那种强烈的差异和深刻的冲突，它们不可能被归结为一种共同的特性”。随后，他在如下的想法中找到了安慰，即“这种多样性和不可比较性并不意味着不协调或不和谐”，他的最后一句话是赫拉克利特(Heracleitus)说过的：“矛盾中的协调，就像是七弦竖琴和它的弓一样。”也许，人类不能希望超出这种状态；但是我感到卡西勒尔放弃了尚未应验的希望，这么说是不会错的。

对于这种难题，首先让我以我经历的特殊的知识为盾牌来做一些说明,那是通过我自己研究自然科学,包括数学时曾亲身经历的。当然,即使在这里,人们对其有条不紊的统一性的怀疑也已经出现。然而,我觉得这种怀疑是没有道理的。根据伽利略的思想,你可以把用一般的词语表达的科学方法描述成被动的观察与符号构造的联合体;这种被动的观察是经由主动的实验所得到的,而符号构造则是通过理论最终导出的。物理学便是一种完美的典型。汉斯·德里施(Hans Driesch)和整体论学派一直声称生物学在发展上与物理学有所不同,而且胜过物理学。但是,没有人怀疑物理定律既适用于动物或人类自己,也适用于石头。德里施试图证明,对自然界的机械或物理的解释过于狭隘,是不可能解释发生在有机体上的各种过程的。现在量子物理已经开辟出了新的可能性。从另一方面说,整体性并不是限于有机世界的特征。每个原子都是一个完全确定的结构的整体;它的组织是各种可能的极端复杂的结构和组织的基础。我不是说面对将来科学发展中出现的奇迹我们可以稳坐钓鱼台。不久之前,我们在从经典物理向量子物理的转变中获得了相当令人惊异的认识,未来的这种类似的理论突变可能会极大地影响认识论的解释,就像这次对因果关系这一概念造成的冲击一样。但是现在还没有迹象表明基础方法(basic method)本身——符号构造与经验的结合——会有所变化。

应该承认,符号构造在向自己的目标行进的道路上,科学理论经历过它的各种初级阶段,特别是经历过分类与形态学的阶段。林奈(Linnaeus)的植物分类学、居维叶(Cuvier)的比较解剖学是早期的例子;比较语言学或法理学是历史学方面的类似物。自然科学通过可以在任何地点任何时间重复的实验所确定的事物的特性是具有普遍性的。它们具有那种只论经验而不论科学原理的必然性,自然规律就具有这种必然性。但在这些必然性的范畴之外,世上还有一个偶然事物(contingent)的领域。充满星体与扩散物质的宇宙,太阳和地球,以及生活在地球上的植物和动物,它们都是带偶然性的或者说是独一无二的珍品。我们对它们的发展进化很有兴趣。原始的思维把"它是怎样发生的"这一问题置于"它是什么"之前加以考虑。在这种意义下,全部历史关心的是一种独特现象——地球上的人类文明的发展。如果说积淀在自然历史中的自然科学的经验已经告诉了人们一件事,那就是这样一种现象,在科学领域中有关各种规律和事物内部构造的知识,必定大大超乎你可能希望去理解它或从理论上重构它的起源之前。通过遗传机制慢慢积聚的对这类知识的需要,在19世纪最后几十年由达尔文学说导出的对系谱与种系发生学的思考就是早熟的。康德和拉普拉斯正是在牛顿的万有引力定律坚实的基础上才提出了他们关于行星系起源的各种假设。

我们已简要地说明了自然科学的方法，它对其所有分支都是适用的。下面要说说科学的极限。这个由“自我”的两面性引出的使人迷惑的问题，确实已经超越了极限。一方面，我是一个真实的个体的人，由母亲所生并注定要死亡，其间会发生生理和心理的各种行为，“我”是芸芸众生(实在太多了，像在高峰时间挤上地铁时我的感觉一样)中的一员。另一方面，我又是一个易于接受理性的“幻影”，一束能自我穿透的光，内心被赋予了意识，无论如何你可以把它说成是独一无二的。所以我可以对双重的自我说：“我思考，我是真实的又是受限制的(I think，I am real and conditioned)”以及“我思考，我的思维是自由的(I think，and in my thinking I am free)”。与根据意志的行为相比，在有关自由的问题中起决定作用的要点更明显地出现在(正像笛卡儿所评述的)理论研究中。下面用 2＋2＝4 这一陈述来举例：我们并不是盲目地追随自然的因果关系，而是因为我看到 2＋2＝4 这个推断与我内心的真实心理行为一样，于是我调动口唇说出：二加二等于四。现实(Reality)或者说物的王国(Realm of Being)并不是闭关锁国的，而是向自我之中的含义(Meaning)王国开启的，于是物和含义便结合成一个不可分割的联合体——尽管科学决不会告诉我们这是怎么进行的。我们没有看透自由的真实起源。

不过，对我来说没有东西比这种神秘的“光明与黑暗的结合"更熟悉和清楚的了，我认为自己正是一种自透明的意识与真实的肉体的结合。达到这种结合的途径就来自内心的关于自我的知识，由此我意识到我自己的直觉、思想、意志、感觉以及实践等行为，在某种意义上与用符号表示的"平行的"理性过程的理论知识完全不同。这种对自我产生的内心意识多多少少是对我的同胞们做出深切理解的基础，我知道他们与我自己是同一类的生物。即使我不知道处在和我同样情况下的他们会有什么样的意识，然而我对此所做的"阐释性的"理解也无疑属于一种适当的领悟。解释学的解释具有历史学的特征，而符号构造用于自然科学。它的启蒙之光不仅降临到我的同胞们身上，也会到达并深深地进入到动物王国，尽管那里存在着更多的蒙昧和不稳定。康德偏狭地认为，我们可以同情和怜悯，但不能与其他生物分享快乐。他的这种观点受到阿尔贝特·施韦策(Albert Schweitzer)的嘲笑："他从没看见一头口渴的牛从野地跑到家里来喝水吗?"贬损对"来自内部"的特征做拟人化的理解，或是去提高理论构造的客观性，这两种作法都是没有用的，尽管你必须承认，为了达到具体而完美的目标，这种理解还缺少"空洞的符号"(hollow symbol，或译为"无内涵的符号")所具备的自由性。有两条方向完全不同的路：人，对于理论来说是最黑暗的，对于发自内心的理解而言却是最明亮的；基本的无机过程是理论最容易接近的，都很难找到去解释它的路径。在生物学中沿着第二条路可以到达一些重要问题，尽管它不会提供一种客观的理论（objective theory）作为这些问题的解答。"手用来拿，眼用来看"这种目的论的观点驱使我们去找出使手和眼睛按照物理定律（它们也适用于任何无生命的对象）完成其功能的内在的物质组织的构造。

我不会屈从于某种诱惑而把 N. 玻尔教授的互补性思想偷偷地安插到我们正在讨论的两种不同方式之中。不过，在进一步讨论之前，我觉得有必要对数学和物理学的构成方法（constructive procedures）多说几句。

德谟克利特（Democritus）认识到，感觉的特质只不过是外部因素在我们的感觉器官上形成的幻象，他说："甜味和苦味，冷与暖，还有各种颜色，所有这些只存在于意念中而不是某种实在（νόμω，ου，φ ύσει）；真正存在的是那些不变的微粒，即在真空中运动的原子。"追随着他的见地，现代科学的奠基人开普勒、伽利略、牛顿、惠更斯等，在几位哲学家笛卡儿、霍布斯、洛克等的认可之下，根据感觉的主观性质，抛弃了把它们作为我们的感性认识（preception）所反映的客观世界的建筑材料。但是他们依然坚信空间、时间、物质的客观性，进而坚信运动及相应的几何图形和运动学概念的客观性。例如，发展了光的波动理论的惠更斯就可以问心无愧地说，有色光实际就是由许多细小微粒组成的以太的振动造成的。但是不久之后,空间与时间的客观性受到了质疑。今天我们发现,确实很难体会到为什么他们的直觉会被认为是特别值得信任的。所幸,笛卡儿的解析几何学提供了摆脱它们的工具,并以数来代替它们,即使用纯粹的符号。同时人们学会了怎样引入这些隐藏的特征,例如物体的惯性质量,你不需要给其下明确的定义,而是先假设一条确实的简单定律再通过观察物体的反应去验证它。其全部结果是一种纯理论的符号构造物,所用到的材料只是心智的自由创造物:符号。对于惠更斯来说,一种波长的光束是一种实在的以太波,而现在已变成一个公式,表示一个没有明确解释的符号 F,称为电磁场,它只是作为数学上用四个其他的符号 x,y,z,t——称为时空坐标——所定义的一个函数。显然在这里说“实在”这个词时必定加引号了;谁能严肃但冒昧地说符号构造就是真正现实的世界?客观存在、实体,已变成难以捉摸之物;科学也不再声称在我们生活于其中的令人失望的泥沼上(Slough of Despond)创建一种至高无上的、真正客观的世界。当然,你应该以某种方式在符号与自己的感觉之间建立联系。这样,一方面是,用符号表达的自然规律(而不是有关这些符号的意义的任何显而易见的“直观的”定义)起着基本的作用,另一方面则是被具体描述的有关观察和度量的各种行动过程。

有关自然界的理论就以这种方式出现了,它只有作为一个整体才能与经验相对照,而组成它的一条条单个的定律被孤立起来时,并不会有什么可证实的内容。这种与传统的真理观的不和谐,是从存在这一角度看待存在和认识之间的联系导致的,它也许可以归纳为下面这句话:“一个陈述指向一个事实,如果所指的这个事实真像它所说的那样,则这个陈述就是真的。”物理理论中的真理则属于不同的类型。

量子理论甚至走得更远。它已证明观察行为永远是一种不能控制的干涉行为,因为对一个量的测量无可挽回地会破坏对另一个量正确测量的可能性。这样一来,当我们希望把客观实体构作成一块大布时,每次都会被撕碎;留在我们手里的只是些碎片。

我们常说的那种意识正常的普通人,当他看到日常生活中在他周围的以如此稳定、可靠且毫无疑问的状态围绕在他身周的实体居然会发生上述这种情况,他会有些茫然。但我们应当向他指明,那些物理构造仅仅是他自己的头脑在意识中进行的(尽管大部分是在不知不觉中完成的)活动的延伸,正如一个物体的主体形状本身成为各个透视图的共同的源泉一样。这些图可以想象成是具有更高程度客观性的某个客观存在的实体的外观,当然,这个对象是占据多种可能位置的连续统一体:三维物体。继续这一“构造”过程,你会从一个高度提升到另一个高度,并将达到物理学的符号构造。进而,整个知识体系都依赖于一种基础,它能使该体系成为一切合理思想的黏接体:在我们的全部经验中,它只用其中那些不会弄错的、清晰无疑的(aufweisbar)部分。

请原谅我使用了一个德语词汇(指 aufweisbar——译注)。我参照数学基础来做些解释。我们已经认识到,在大多数情况下,经典数学中的孤立的陈述与物理学中的这类陈述一样没有什么意义。因而有必要把数学从一种有含义的命题系统变为一种根据确定的规则玩的公式游戏。公式是由确定的、清晰可辨的符号组成的,就像棋盘上的棋子一样具体。直观的推理是需要的,但仅用于确立游戏的无矛盾性——这是一项顶多只能局部完成的任务,我们可能永远不会成功地去完成它。被当作符号的是些看得见的标志,按希尔伯特的说法,必须是:"确切可辨认的,并与时间和地点无关,与一些次要的差异和运作时所需的物质条件(例如是否是用铅笔在纸上写,还是用粉笔在黑板上写)也无关。"这些符号在任何需要的地点和时间都能够被再生,这也是其中的一个根本的要素。现在有了一种我们认为什么才算得上是清晰无疑的标准,可以说得很具体。那种跟连续性搅在一起无法分开的,而且必须要依附于某个空间结构的东西的不精确性,在原则上可以被克服了,因为我们使用的只有清晰可辨的标记,那些细微的差别"因为不会影响其同一性"而可以被忽略。(当然,不排除出现错误的可能性)当把这些符号像印刷品中的字母一样一个接一个在一个公式中排列起来时，你显然在以某种方式利用空间和空间直观，该方式不同于欧几里得几何意义下的方式，在欧氏几何中是以精确的直线等来构作空间，康德把它看作知识所依赖的众多基础之一。我们所着手研究的这类清晰无疑的东西并非那种纯精练物，而是更具体的事物。

物理学家的测量也是如此，例如读仪表指示器，这是一种在清晰无疑的情况下执行的运作——尽管你必须考虑所有的测量都具有的近似特征。物理理论则把以符号组成的数学公式与具体测量结果联系起来。

现在，我想说一说数学家兼哲学家库特·赖德迈斯特(Kurt Reidemeister)撰写的一组文章，它们于1951年和1954年由斯普林格出版社出版，标题是“想象与现实”和“不切实际的存在主义”。其中最重要的一篇文章是第一卷中的“批判哲学导言”。赖德迈斯特是一个实证论者，他坚定地维护由科学确定的事实具有的不可避开的性质；他还嘲笑(我想这是正确的)那些如此深奥但又是空洞的召唤，就像海德格(Heidegger)所沉迷的那套，特别是他的最后几篇出版物。另一方面，赖德迈斯特坚决主张科学并没有利用我们全部的经验，而是选择其中那些清晰无疑的部分，这样，他为其他类型的经验留出了空间，思想深刻而空话连篇的人以此作为他们固有的领地：这是和可以任意使用的真实经验大相径庭的没有重要意义的经验。直觉就属于这一领地,其中有一些美丽的东西出现并变得很耀眼,不管它是与花瓶、一段音乐还是一首诗结合在一起;而合于理性的经验则支配我们的行为和与别人的交流。例如,对那些轻松愉快的事情我们能认知并报以微笑。当然,一件雕塑作品的物理学特性和其美学特征是相互联系的。雕刻家非常注重其作品的几何特征并不是徒劳的,因为他所希望达到的美学效果全赖于此。同样的联系也许在声学领域中更加明显。不过,赖德迈斯特却鼓励我们承认自己无知(Nicht-Wissen),说我们不知道怎样通过理论把两方面结合到一个统一的物的王国中去——正像我们不能看透作为一个受限制的个体的统一的"我",而"我"在思维时是自由的。提出无知这种说法是一堵保护墙,他想靠着这堵墙来拯救那些没有什么意义的经验,使其脱离对那些空泛深奥的玩意儿的理解,从而为了真正领悟各种思想而恢复我们内心的自由。要是我说,就像康德哲学是基于牛顿的物理学并适合于后者一样,赖德迈斯特的努力是以数学基础的现状作为其先导的,这也许就高估了他的努力,实际上他的尝试无疑还处于一种相当粗浅的状态。由于康德利用一种实践理性和美学判断补充了他的"纯粹理性的批判",这就给赖德迈斯特留下了对科学所利用的经验之外的其他经验进行分析的空间,尤其是利用作为历史学基础的解释学所提供的理解和说明。

请让我再做一点说明,我仍然想用简明的术语"科学与历史"来表示"自然与历史科学"(德语中的 Nutur-und Geistes-Wissenschaften)。第一位完全认识到解释学(作为历史学方法基础)的重大意义的哲学家是威廉·狄尔泰(Wilhelm Dilthey)①。他把解释学的起源追溯到对圣经的注释。卡西勒尔的《论人》一书中有关历史的一章是这一方法最成功的例子之一。他拒绝假设一种特殊的历史逻辑或理性,那是由温德尔班德(Windelband)提出,而为更近期的奥尔特加·伊·加塞特(Ortega y Gasset)所急速推进的。按照他的说法,历史和诸如研究种种现象的古生物学那样的科学分支有本质的区别,这种区别在于,历史学家需要解释他的"石头"、他的历史遗址和文献资料中出现的符号内容。

概括一下我们的讨论,我得出下面的结论。一切知识的基础存在于:(1)直觉。这种由心智来"看"的创造性行为是每个人都有的;在科学上它被限定为显示(Aufweistare),但在实际上则远远延伸到这一界限以外。人们到底在这个问题上应顺着胡塞尔(Husserl)的现象学之本性显示(Wesensschau)走多远,我不想去弄明白。(2)理解与表达。即使是在希尔伯特的形式化的数学中,为了知道如何去操作那些

① 威廉·狄尔泰(1833—1911),德国哲学家。主要贡献是发展了研究人文科学的独特方法论,建立了一种在人类自身历史中——即按照历史过程的偶然性和可变性来理解人的人生哲学。主张将人文科学建立成阐明性科学。——译注

符号和公式，我也必须去理解通过使用言辞的交流给我指出的方向。表达是被动理解的一种主动的相似物。(3)思考的可能性。在科学中，那种非常严格的形式都是通过想明白数学游戏的各种可能性而发挥作用的，我们力图确保这种游戏永远不会导致矛盾；而那种极为自由的形式则是一种想象，通过它来孕育出理论。当然，在指导科学发展的方向方面，还存在主观的因素。正如有一次爱因斯坦承认的，不存在把经验引向理论的逻辑方法，做出接受那些理论的决定最终一定是毫不含糊的。对于那些想再现往事的历史学家来说，对可能性的想象是同等重要的。(4)在直觉、理解和思考的可能性的基础上，我们在科学中还有如下行为：某种实践行为，在数学方面就是构造符号与公式，在实验方面则是制造测量设备。这在历史学研究中是没有类似物的。历史学靠的是解释学方法，解释最终是从个人的内部意识和知识中产生出来的。因此任何一位大历史学家的工作都依赖于其自身内在经验的丰富与深刻程度。卡西勒尔找到了一些绝妙的说法来阐释兰克(Leopold von Ranke)①富有智慧和想象力、又不带有感情和同情色彩的工作，正是这种具有普遍性特征的思考使他能够写成了罗马教皇、宗教改革、旧土耳其帝国和西班牙君主政体的

① 兰克(1795—1886)，德国19世纪伟大的历史学家。他认为历史是由各人、各民族和各国家分别发展起来的，综合在一起形成文化的过程。——译注

历史。

我们是应该在“物”(Being)还是在“知”(Knowing)里寻求统一呢?我已尝试着说清楚了“物”这面盾牌已被打破,而且无法修复。我们没有必要为它痛哭流涕。就是我们在其中生活的世界也不是像人们想要假设的那样是一个统一的整体;人们不难揭示它的某些裂隙。只有在“知识”这方面可能是一个统一整体(unity)。的确,人们充满了丰富经验的心智是统一的整体了。所谓的“我”就指的是它。但正是因为它是统一的整体,所以我除去用像我所列举过的事例那样的、互相支撑的智力的特征行为(characteristic actions of the mind)之外无法去描述它。在此,我觉得我比卡西勒尔更接近于统一整体这一发光的中心体:它的光芒在人类历史的长河中,建立起了复杂的符号世界。对于符号世界而论,包括独特的虚构物、宗教,天哪!还有哲学,都是为获得真理的光芒的一种不透明的过滤器,它靠的是人类无限的自欺能力(capacity for self-deception)这种优点(vintue),或者我应该说是缺点(vice)来完成的。

除了听到一些不清澈透明的事情之外,你还能期待从像今天这样的哲学讲演中得到什么其他的东西吗?如果你一无所获,那么在请求你的原谅之前,再让我坦陈几句。读赖德迈斯特的文章使我又仔细思考那些古老的认识论问题,过去我自己的作品也涉及这些问题;我还没有获得一种新的明晰性。思想(mind)上的犹豫不决是不利于说话人的思想的一致性的。但是,如果你不再具有好奇心,思想中也不再存有含糊不定的想法,你还会去当一名哲学家吗?

（袁钧译;袁向东校）

附　录

附录 1　赫尔曼·外尔先生[①]

我应赫尔曼·外尔的邀请于 1949 年 9 月去了普林斯顿高等研究院。外尔先生在邀请信上的署名给我留下深刻的印象。在研究院初次见到的外尔先生是个高个子、圆脸盘、身材魁梧、风度翩翩的绅士,给人一种和蔼的长辈的印象,很感意外。

在去普林斯顿的途中我顺便到芝加哥大学拜会了韦伊(Weil)先生。韦伊先生戴着可怕的假面具从三楼窗口探出头来,使我大吃一惊,但却并不感到意外。我对外尔先生的风度感到意外,这倒不是因为预先想象的先生的形象与实际情况不合而引起的,只是不知怎么地有意外之感。

外尔先生似乎也对我这个连英语都不会说的东洋小矮

---

① 原题:ヘルマン・クイル先生,原载《数学ヤシナー》1985 年 9 号。本文译自《怠ほ数学者の记》,小平邦彦著,岩波书店,1986 年 5 月第 1 版,201-211 页。小平邦彦是日本数学家,菲尔兹奖和沃尔夫奖得主。——编注

个儿的出现感到意外,使劲盯着我的脸说:“到第二学期英语熟练了就参加讨论班吧!”

外尔先生几乎每天中午都在研究所四楼的食堂与我们年轻的研究院成员一起吃饭,一边愉快地畅谈。先生把溢出在托盘里的咖啡重新倒回茶杯中饮用的景象仿佛昨天一般,依然历历在目。

外尔先生是个直率的人,他无法把自己的想法埋藏在心底,偶尔会说出很尖刻的话。这已是相当靠后的事了,一次午饭时坐在笔者旁边的一位年轻美国数学家说:“今天是小平的 40 岁生日。”外尔先生听了转向我说:“就我所见,数学家大致就到 35 岁为止。你可得抓紧了(You'd better hurry)。”可我再怎么抓紧也回不到 35 岁了呀! 这可严重了,我正想着,先生似乎也意识到有些讲过头了,补充说:“也有例外。也许你是例外。”这种事俯拾皆是。有一次当我听到先生面对一位数学新星,边微笑边说“我可不那样评价你的数学”那样的话时,着实吓了一跳。

外尔大概是 20 世纪最后一个全能的伟大数学家。其研究领域不光是数学,还涉及物理学甚至哲学。比如说,在爱因斯坦发表广义相对论不久他就著有《时间—空间—物质》,尝试着统一场的理论;量子力学出现后写作《群论与量子力学》,等等。因此,他遗留下了大量的著作,其中论文 167 篇,合计约2 800 页，另外著书 16 本。

在 40 年代，巴拿赫(Banach)空间、希尔伯特空间等泛函分析很盛行，研究院的年轻成员中也是搞这方面的人居多，外尔和西格尔(Siegel)在数学上看来很孤立。我还清楚地记得，在研究院前面的院子里见到过一位日本的数学家 K 氏，他说："只有外尔和西格尔二人还乐于去研究既古老又难懂的数学，真够反动的呢！"进入 50 年代以后，代数几何、流形理论、微分拓扑学等飞速发展，数学的形势又完全改变了。

我赴美以前就承外尔先生的诸多帮助。斯通(Stone)的希尔伯特空间的书[M. Stone: Linear Transformations in Hilbert Space, Amer. Math. Soc. Collog. Publications, 15 (1932)]的最后一章雅可比矩阵的理论就是二阶差分方程式的理论。我发现如果把它换成二阶常微分方程的情况，再对照外尔年轻时写的有关二阶常微分方程的特征值问题的论文[H. Weyl: Über gewöhnliche Differentialchungen mit Singularitäten und die zugehörngen Entwicklungen willkürlicher Funktionen, *Math. Ann.*, 68(1910), 220-269]，就可得到给定特征值分布与特征函数展开的具体公式。我把结果写成论文送给了外尔先生。外尔先生回信使我得知蒂奇马什(Titchmarsh)用其他方法也得到了同样的公式，并且寄来了蒂奇马什关于这个公式所写的书[E. C. Titchmarsh: Eigenfunction expansions associated with second-order differential equations, Oxford(1946)]。不久先生又来信，主要说“我在本届数学会年会的讲演中引用了你前些天寄来的论文，引用尚未发表的论文不知是否合适？”先生对于远东数学界的一名无名小辈也这样谦虚诚恳。这个讲演是1948年12月在美国数学会年会上做的[H. Weyl: Ramifications, old and new, of the eigenvalue problem, *Bull. Amer. Math. Soc.*, 56(1950), 115-139]。

第二学期按预定计划在外尔与西格尔指导下开始了调和微分形式的讨论班。开始几次由外尔先生讲述了有关历史。很遗憾，我对所讲的内容毫无印象，这和我当时美语还不太熟悉也有关系。外尔讲完后，德拉姆(de Rham)以正在流行的思想为基础，就黎曼流形上调和微分形式的理论报告了七八次。然后由我报告它对于复流形的应用。讨论班结束时外尔先生说：“上次的调和微分形式讨论班是半途而废，这次专家聚集，胜利完成了任务。”

他所说的上次的讨论班是指1942年左右举行的有关霍奇(Hodge)的调和积分论的讨论，阅读了霍奇的书[W. V. D. Hodge: The Theory and Applications of harmonic Integrals, Cambridge(1941)]，才知道在调和微分形式的存在证明中有缺陷(gap)，也许由此中断了讨论班。外尔先生写了弥补这一缺陷的论文[H. Weyl: On Hodge's theory of harmonic integrals, *Ann. of Math.*, 44(1943), 1-6]。看来先生认为调

和积分论是数学的重要领域。

外尔先生在研究院还持续数周讲授过“半个世纪的数学”,即 1900 年到 1950 的历史。记得那时 F. 希策布鲁赫(Hirzebruch)也在听讲,所以我想是 1952 年春的学期。没有做这一讲演的笔记实在太遗憾了。至今还有印象的是:他对于整数论做了详细的讲解,高度评价奈望林纳理论,还说过抽象的一般理论没有价值,等等。为什么讲抽象的一般理论毫无价值却已经记不清了,但接着又说“也许你会问,那为什么又写了《黎曼面的概念》这样一般理论的书呢?那是因为当时说到黎曼面时说了‘考虑一下一般黎曼面吧’,这就干上了(两手平摊轻轻摆动),总之是不得已而为之,就写了《黎曼面的概念》”。听到他说《黎曼面的概念》是毫无价值的抽象理论,真令我大吃一惊。众所周知,《黎曼面的概念》(Die Idee der Riemannschen Fläche, Teubner, Berlin, 1913;田村二郎译,《黎曼面》,岩波书店,昭和四十九年)一书是现代复流形理论的原型,它展开了一维复流形几乎十分完善的理论。

说到外尔的定理:“θ 若是无理数,则点列$\{e^{2n\pi i\theta} \mid n=1,2,3,\cdots\}$在单位圆周上均匀分布”,他说:“过去这么简单的东西就是大发现了。你们今天却不得不干很难的工作,真可怜!”还说:“阿廷说音乐方面巴赫以后没有什么新东西,我就问他数学怎么样呢?他听后一副不置可否的样子。”这些话也是在这个讲演中听到的。数学家埃米尔 · 阿廷是一个熟悉音乐、会弹奏古钢琴、喜欢研磨天体望远镜镜头的人。

我到普林斯顿不久,调和微分形式的论文[K. Kodaira: Harmonic Fields in Riemannian Manifolds (Generalized Potenlial Theory). *Ann. of Math.*, 50(1949), 587-665]单行本印好了,我到外尔先生的办公室拜访想送上一部分。先生手拿单印本,很高兴地微笑着夸奖说:"正交射影的方法很拿手嘛!"但接着又说:"不过也许我已经过时了(old-fashioned),总觉得正交射影的方法不好,你的论文最好也改成不用正交射影的方法来写。"对此我不禁愕然。在《黎曼面的概念》1955年修订版的序言中他也写道:"当时曾想把狄利克雷原理改成正交射影的方法,但结果没有动。其理由这里就不说了。"

正交射影方法[H. Weyl: The Method of Orthogonal Projection in Potential Theory, *Duke Math. Jour.*, 7(1940), 411-444]是外尔发现的方法,对调和微分形式的存在证明极其有效。说它不好的理由可能是出于外尔先生的数学哲学。据说外尔先生对于数学基础的立场是直觉主义的,但我说的直觉主义是指讨论数学基础时而言的,在平素研究数学时,他与我们普通数学家是一样进行思考的。但是外尔的直觉主义好像还并非那么不彻底的。据C. 瑞德(Constance Reid)的库朗传记,外尔在格丁根为新生开的解析入门就是站在直觉主义立场上讲授的(Constance Reid: Courant, Springer

Verlag,1976,128 页;加藤端枝译,《库朗》,岩波书店,昭和五十三年)。

为了说明正交射影的方法究竟是什么,先考虑紧黎曼空间 R 上具有给定周期的第一种调和微分形式的存在证明。假设 R 上勒贝格可测且具有有限范数的 r 次微分形式 φ 的全体所成的希尔伯特空间为 H^r,二次连续可微的微分形式所成的 H^r 的子空间为 L^r,则 dL^{r-1} 与 δL^{r+1} 作成互相正交的子空间。便设与 dL^{r-1} 及 δL^{r+1} 两者都正交的子空间为 E^r,那么 H^r 就是互相正交的三个子空间的直和

$$H^r = E^r \oplus [dL^{r-1}] \oplus [\delta L^{r+1}]$$

其中[]表示闭包。$\varphi \in H^r$ 到 E^r 的正交射影,写作 $P\varphi$。根据德拉姆定理,存在具有给定周期的 r 次连续可微的微分形式 ψ,使 $\mathrm{d}\psi=0$。若取其正交射影

$$u = P\varphi$$

则 u 即所求的第一种调和微分形式——这就是正交射影的方法。

外尔先生似乎深刻接受了哥德尔的不完全性定理:“包含自然数论的任何无矛盾形式的体系也是不完全的,故不能证明其自身是无矛盾的。”这只要看看外尔的《数学与自然科学的哲学》英文版(L. Weyl: Philosophy of Mathematics and Natural Science,Princeton Univ. Press,1949)的附录 A 就明

白了。先生在那里写下了如下意思的话:"数学的真正基础、真正含义不就是最终也不知所云吗?数学与音乐同样是人类创造活动的产物,其成果为历史所左右,因此客观上将其合理化不就很难了吗?"在叙述关于数学与逻辑的概观的论文[H. Weyl:Mathematics and Logic. A brief survey serving as a preface to a review of "The Philosophy of Bertrand Russell",*American Mathematical Monthly*,53(1946),2-13]的结尾,文章说:"(由集合论的悖论引起的)数学危机给我的数学以相当实际的影响。使我的关心转向被认为比较'安全'的领域。"

在直觉主义的立场上,所谓实数或函数的"存在",意思是指"可构造出来的"实数或函数。因此任何非特定的勒贝格可测微分形式等都不存在,由它们全体做成的希尔伯特空间 H^r 就完全是架空的了。外尔先生说正交射影的方法不好,大概就是因为觉得利用这种架空的 H^r 的方法不"安全"的缘故。对此,《黎曼面的概念》按照狄利克雷原理证明调和函数的存在,是巧妙地构造出分段光滑的函数序列

$$u_1, u_2, \cdots, u_n, \cdots$$

得到要求的调和函数为其极限

$$u = \lim_n u_n$$

这比用正交射影的方法进行证明要远为"安全"。

证明不完全性定理的哥德尔的思想似乎与外尔并不一样。哥德尔在论文《罗素的数理逻辑学》中写道："类（classes）与概念（concepts）可以看作独立于我们的定义及构造的实在。对于我，假定这种实在就与物理学假定物体的存在一样是完全正当的。为了得到令人满意的物理学，物体是必要的。在同样的意义上，这种实在对于获得令人满意的数学也是必要的。"（Kurt Gödel：Russell's Mathemaitcal Logic，in Philosophy of Mathematics，edited by Paul Benacerraf and Hilary Putnam，Prentice-Hall，1964，211-232）。

他还在《什么是康托尔的连续统假设》一文中写道："我们具有集合论对象的某种感觉（perception）。这一感觉使我们确认集合论的公理是正确的。我没有任何理由认为这种感觉亦即数学直觉较之普通的感官知觉更不可信。"（Kurt Gödel：What is Cantor's Continuum problem? in Philosophy of Mathematics，op. cit.，258-273）。

哥德尔的思想是实在论，简而言之，是把数学的对象作为独立于我们之外的实在，而我们具有对于这种数学实在的感觉。这与外尔的立场正好相反，外尔认为数学是人类创造活动的产物。按照哥德尔的思想，集合是实际存在的，因此连续统的势$\aleph$是完全确定的。据哥德尔的挚友竹内外史说，哥德尔曾说过：我觉得连续统的势$\aleph$是$\aleph_2$。"为什么呢？因为如果假设$\aleph$等于$\aleph_2$，这样一来，就可以展开非常美丽的世界。”

我很欣赏外尔的数学风格,无论读他的论文还是书,都很清晰易懂,只是始终不能理解他的直觉主义,也无法接受希尔伯特空间是不“安全”的这一说法。我是一个单纯的数学家,哲学修养贫乏,没有资格议论外尔与哥德尔的数学哲学,但由多年研究数学得来的经验,我还是认为,在与自然界是实在的同样意义上,数学现象的世界是实在的。我也曾发现过若干个定理,深感那并非我自己想出来的,不过是在漫游数学现象的世界时,碰巧发现了落在那儿的定理而已。

(陈治中译;胡作玄校)

附录2　心蕴诗魂的数学家与父亲[①]

感谢钱德拉[②](Chandra)悉心尽力地安排,我们今天下午在学院与共形几何、时空、李群及连续统筹领域里的赫尔曼·外尔“相会”。然而,他还是作为文学家、文体家、诗人和文献专家的赫尔曼·外尔。我,一个在他身边成长的男孩及后来有人文主义倾向的青年,对我父亲记忆最深的事是他对文学的热爱,或一般地说,是他对语言表达艺术的热爱——你们也会从他的著作中发现;他对引用文学作品——诗歌、散文、哲学——的爱好;他对语言(及符号)在传达数学与物理思想时的作用的讨论;他对文字的掌握,他的文体与风格——一种非常漂亮的文体;无比地清澈流畅,富于诗意,时而带有纯正的哲学激情。

我的童年是在20世纪20年代,正值赫尔曼[③]创造力最旺盛的时期。也就是说阿希姆[④](Achim)和我不能经常见到他,他有别的事要做而不能和孩子们相处得久些。即使这

---

① 本文是米夏埃尔·外尔(Michael Weyl,赫尔曼·外尔的次子)1985年11月7日在“外尔百年纪念演讲会”的晚宴上的一篇讲话。标题为译者所加,它取自本文的最后一句。——译注

② 印裔瑞士数学家K. Chandrasekharan的简称。他是《外尔全集》的编者和这次纪念会的组织者。——译注

③ 作者遵从欧美的一种习俗,直呼父名。——译注

④ 赫尔曼·外尔的长子Joachim Weyl(1915—1977),阿希姆是在家中的昵称。——译注

样，他还时常，主要在星期天下午，从书架上取下那本磨损的、神奇的《沃尔夫家常诗集锦》，用震壁的强音全神贯注地朗诵；我至今还记得其中的许多诗——英雄的事迹，懦夫的背叛，夜间出现的骑士们，埃瑞湖上遇到风暴的船只，爱尔·锡德勇敢地驰向扎莫拉等传说。赫尔曼用戏剧式的道白来朗读这些诗篇，完全吸引了我们的注意力。它不仅在我们心中注入了奔放的诗，并使我们意识到书本后父亲心中涌动着激情的火山。后来在我们少年时期，他也为我们读散文。有趣得很，（我猜）他又返老还童了，郑重其事地向比我大两岁半的阿希姆介绍卡尔·迈[①]（Karl May，1842—1912）的著作，朗读《威尼托》及北非沙漠小说中冗长的篇章。于是引导阿希姆——不久后也引导我，反复地贪婪地看卡尔·迈的书。但我印象更深的是赫尔曼启发性地诵读赛尔玛·拉格略夫的《歌斯塔·贝尔林的故事》（德译本）；我几乎难以分辨父亲与小说中的英雄——那位浪漫热情、雄辩的瑞典骑士，赫尔曼的许多作品与歌斯塔·贝尔林等同。他介绍给我们的其他文学作品有斯托姆的《骑白马的人》，J. P. 雅可布生的《尼尔斯·林涅》，C. F. 迈耶的《于尔格·耶纳奇》，及德科斯特的《乌伦斯皮格的传说》，以及许多诗歌——荷德林、歌德（其中包括《西东合集》选读）、郭特佛里德·凯勒、维尔亥伦、尼采、

① 德国作家，专写供青年阅读的游记和冒险故事。——校注

德梅尔、佛朗兹·威弗尔等人的诗，甚至阅读托马斯·曼的《魔山》和尼采的《查拉图斯拉如是说》的选段。回想起来，这个读书计划有很清楚的教育目的：培养我们对文学，特别是德语文学的爱好，引导我们的智育发展和童趣。我应当说他做得很成功。

赫尔曼的文学兴趣极广。我几乎用不着向你们提起他对哲学了如指掌——不仅熟悉与他作为一个数学家与物理学家有关的那些思想家：德谟克利特、莱布尼茨、康德、费希特、胡塞尔、卡锡尔、罗素；并涉及那些以形而上学和非科学倾向的思维而著称的人物，如迈斯特·爱克哈特、克尔凯郭尔、尼采、海德格尔和耶斯泊斯。我记得赫尔曼经常长时间地阅读卡尔·耶斯泊斯的三大卷《哲学》，和家人及朋友讨论，深深地为其中的思想所感动。在另一些时候，他完全埋首于尼采的著作中。

首先，他对诗歌有深切的爱好，特别是德国的诗，后来也涉猎英国和美国的诗。他生动地引用诗（包括散文），为的是使冷峻的数学著作增添一些人文和感情色彩，对此，值得专写一篇有趣的短文论述。他在一篇论及当时数学现状的文章中写道："数学不是外行们所见的那样严厉与刻板；然而，我们在它处于约束与自由的交汇点中找到自己，这正是人的本性。"用这样的词句来联系数学与人的本性，他指出在创造性的文学精神范畴的经验与洞察方面，两者是内在统一的。对他来说,数学与艺术的兄弟关系是理所当然的事,正是由于洞察到他内心中这种主要气质,钱德拉在《外尔全集》的序言中引用了赫尔曼的这样一段话:“我相信数学,和音乐一样,是深植于人的本性中的创造。不是作为孤立的技术成就,而是作为人类存在整体的一部分才是它的价值所在。”

他有极丰富的文学知识——当然我们兄弟俩也得益匪浅——以致只要需要,他随时能像变戏法似地、恰当地旁征博引。例如安娜·威克姆的那一首小诗——我相信我们以前未曾听说过这位作家——他在他的《对称》一书开卷不久处引用过,为的是用充满人性哀伤的词重述一个古老的观点,由于它完全的旋转对称,空间中的球代表着完美:

主啊,我万能对称的主啊,
是你将那灼人的渴望植入我的灵魂,
让我在这无谓的追寻中耗费年华,
徒添悲伤,
主啊,赐予我一个完美之物吧!

主啊,我万能对称的主啊:天知道要熟悉多少诗篇,才能信手拈来一首不为人所熟知的美丽而贴切的小诗来为几何对象增添浓厚的人情味。

看赫尔曼念诗——他经常轻柔有调地低吟——或听他

高声朗诵,会立刻感受到这如何充实了他内在的需要。在他内心深处,我敢说,数学和诗是一回事;而正因如此,我想,作为一个数学家,他真实地感到更贴近于直观主义而不是形式主义。值得一提的是他最喜欢那些直接向心灵诉说的诗,而不是用苍白的思维表达的过分知识化的诗。有一次,他给阿希姆写道:"我喜欢那类有强烈人情需求的诗,不论它是温柔的或激情的,从歌德的抒情诗到威弗尔那样直诉于你胸怀的诗。还有,像你能在里尔克诗中领会到那样屏声静气地聆听万物平和的声音,轻柔地抚摸着似的,也能给我欢快……"他还说过,许多近代英国诗中的缄默而荒谬的特性是非他所好。赫尔曼有一次介绍他的一位同事为"有数学家灵魂的物理学家"(我认为这是他能给物理学家最高的恭维);而赫尔曼则是一位蕴有诗魂的数学家,至少我是这样感受的。

这一切都显示了赫尔曼对语言有高度的敏感和深厚的素养。对他来说,善于——准确地、经济地和优雅地——表达自己,并使他的文章在结构上清楚而合于逻辑是最重要的事。他有一次承认:"我几乎更关心表达形式与文体而不是认知本身。"①对语言的完全掌握是他对自己的要求;而只有了解到这一点我们才能体会到他在《典型群》的序言中对他

① 这句话正说明了外尔的数学书和论文难读的原因。——译注

不够完美的英语所表达的腼腆的歉意："上帝在我的写作中加了一道我在摇篮中没听过的外国语的束缚。我愿像郭特佛里德·凯勒那样诉说：'这个应当怎么说，每个人都知道，却依然如梦中无马空骑，'①没有人比我自己更清楚在表达的气势、流畅与清晰上所带来的损失。"气势、流畅与清晰正是他所要求的。即使他骑起这匹"英文"新马和骑那匹伴随他成长的他所深爱的"德文"老马一样好，但他显然觉得仍有些不得心应手。即便如此，作为一个文体家，他愿奉行他所指出的希尔伯特风格的特色。对此，他是这样说的："非常清楚。正如你快步穿过一个阳光明媚的风景区；放眼向四周看去，当你必须振作精神爬山时，分界和交叉的路径正向你展现；认准方向，顺道直上，不用踯躅，没有弯道。"

弗勒登塔尔（Freudenthal）称我父亲是一个新文体——数学散文——的创造者。的确如此，特别是在哲学味较浓的写作中，他表现为一个真正的数学与物理的散文家。他在《数学与自然科学的哲学》的序言中写道："如果没有事实与构造为一方，概念的形象化描述为另一方的两者的交替作用，科学将会消亡。"概念的形象化描述！作为一个数学家，他不得不运用符号；但他辅之以语言，经常是非常雄辩的语

---

① 外尔引用这段诗似乎意味着他用英语写作时，遣词造句犹如梦中跑马。实际上他的英文写得的确好。——译注

言,自由地运用概念的形象化描述。作为一个数学家和物理学家,他有一次宣称,我们不能不用语言,特别是在量子物理学中。“无论如何,我们必须满足这一事实:没有对外在世界的自然的理解,没有用以表达这种理解的语言,我将一无所获。”

他指出,经典物理学的语言,即使不是日常及文学语言,仍是他的科学所必需的符号。赫尔曼那样动人地使用语言,使他成为一个真正的概念形象化描述的大师。且看他如何总结这一观点:一个数学公式的有效性不能简单地从它的外貌特征来决定,而只能通过“实践”,即不同数学背景中的试验来决定。“因此我们可以谈论理性的原味,”他写道,“我们没获得真理,没有理由为此瞠目,真理要通过实践去获得。”他的诗人气质经常显示光彩,例如1954年他在洛桑向听众说他在写《数学与自然科学的哲学》时是如何做准备的:“整整一年,我阅读哲学上了瘾,如蝴蝶翩飞,逐花采蜜。”我们可以从这本书中摘出一句典型地反映赫尔曼的充满图像的话:“客观世界只是存在,而不是发生。随着我们意识的凝视,沿着我身体的生命线向上攀附,这世界的一小块是‘活着的’,以它的像在空间中浮游,在时间中变化。”

他一定对口头的交流感到莫大的兴趣,在1924年,他突发奇想用柏拉图式的对话来表达他关于场论的新观点,这对话设计成是在他的“前身”彼德和他的“新身”保罗之间进行的。"啊！保罗！保罗！"在一个关节处彼德喊道，"在水晶般清亮的真理面前，你怎能这样固执！"但保罗挖苦地回答："正是这样，我不再赞同你的信念；如果这是你相对论教堂的基石，那么，彼德！我真成了一个持异议者。"——对文学瑰宝的专家而言，对话的高潮（"质量惯性与宇宙"）是持异议者保罗讨论无穷远宇宙边缘的爱因斯坦式的像。在那里，时间与空间，永恒的过去与永恒的未来，变得不可分辨。保罗说："因此没有合理的指令可以阻止一个物体的世界线自相封闭；但那会导致可怕的重身现象与自我相遇的可能性。"这正是作家赫尔曼尝试把数学概念人性化的一个好例子。

最后，我该再谈一下赫尔曼对文学表述的生机勃勃的兴趣也扩展到了口语。作为一个诗与散文的诠释者，他极善于修辞，以致能完全掌握着听众。更进一步，作为一个思想家和科学家，他强烈地感到需要交流。"知者欲言"，他对格丁根的数学学生们说。"让年轻的一代坐在他面前听他滔滔不绝地讲述吧！"他迁到格丁根的部分原因是他想与年轻人交流。在普林斯顿，他认为在高等研究院的"沉思生活"通过大学与研究院之间的讲座和讨论班的"交流活动"而得到补充。

不用说，这样一个神奇健谈的父亲，当心情适当时，真是一个有广泛兴趣与知识而引人入胜的有趣的交谈对象。他不喜欢闲言碎语和聊天，因此在外尔家的餐桌上，要么是闷人的安静，因为赫尔曼在考虑不变量或诸如此类的问题，要么是对文学、哲学、科学、时事、人物、艺术、音乐会的实质性的交谈。顺便一提，赫尔曼喜欢幽默，爱讲轶事。

他最喜欢与他所尊敬的人和那些有他感兴趣的思想与经验的人之间富有高度智慧的一对一的对话。我——当然赫拉①或爱伦(Ellen)②也在场——曾安静地在一旁聆听过许多这样的对话：与齐格尔、钱德拉、莫根斯特恩、弗里德里希·鲁兹等的对话；与 T. S. 艾里奥特、乔治·肯南、谢尔一家、珀蕾·诺顿、海伦洛等的对话。对我来说，这是兴奋的时刻。我记忆最深的是 1947 年去海德堡访问哲学家卡尔·耶斯泊斯那一次。刚一入座，他俩就开始一个高层次精力集中的对话，谈的是近代物理与存在主义之间的关系，它持续将近两个小时，仅仅尝试去听就弄得我精疲力竭。

这真是两个非凡的心灵的碰撞。我愿用稍后赫尔曼为准备爱尔诺斯演讲《科学作为一项人类的符号的构建》所写下的话来形容这两位交谈者："在浮生的混浊湍流中分清各种事实的努力，与为了交流这些事实而去寻求足够的语言的努力，是相辅相成的人类创造活动。"我的父亲赫尔曼·外尔

① 赫尔曼·外尔的妻子，作者的母亲。——译注
② 赫尔曼·外尔的第二任妻子。——译注

当然已找到“足够的语言”，而同时他把枯燥的科学交流变为真实的人类创造活动。他真是一个蕴有诗魂的数学家与父亲。

（戴新生译；袁向东校）

数学高端科普出版书目

数学家思想文库	
书　名	作　者
创造自主的数学研究	华罗庚著;李文林编订
做好的数学	陈省身著;张奠宙,王善平编
埃尔朗根纲领——关于现代几何学研究的比较考察	[德]F.克莱因著;何绍庚,郭书春译
我是怎么成为数学家的	[俄]柯尔莫戈洛夫著;姚芳,刘岩瑜,吴帆编译
诗魂数学家的沉思——赫尔曼·外尔论数学文化	[德]赫尔曼·外尔著;袁向东等编译
数学问题——希尔伯特在1900年国际数学家大会上的演讲	[德]D.希尔伯特著;李文林,袁向东编译
数学在科学和社会中的作用	[美]冯·诺伊曼著;程钊,王丽霞,杨静编译
一个数学家的辩白	[英]G.H.哈代著;李文林,戴宗铎,高嵘编译
数学的统一性——阿蒂亚的数学观	[英]M.F.阿蒂亚著;袁向东等编译
数学的建筑	[法]布尔巴基著;胡作玄编译

数学科学文化理念传播丛书·第一辑	
书　名	作　者
数学的本性	[美]莫里兹编著;朱剑英编译
无穷的玩艺——数学的探索与旅行	[匈]罗兹·佩特著;朱梧槚,袁相碗,郑毓信译
康托尔的无穷的数学和哲学	[美]周·道本著;郑毓信,刘晓力编译
数学领域中的发明心理学	[法]阿达玛著;陈植荫,肖奚安译
混沌与均衡纵横谈	梁美灵,王则柯著
数学方法溯源	欧阳绛著

书　名	作　者
数学中的美学方法	徐本顺,殷启正著
中国古代数学思想	孙宏安著
数学证明是怎样的一项数学活动?	萧文强著
数学中的矛盾转换法	徐利治,郑毓信著
数学与智力游戏	倪进,朱明书著
化归与归纳·类比·联想	史久一,朱梧槚著
数学科学文化理念传播丛书·第二辑	
书　名	作　者
数学与教育	丁石孙,张祖贵著
数学与文化	齐民友著
数学与思维	徐利治,王前著
数学与经济	史树中著
数学与创造	张楚廷著
数学与哲学	张景中著
数学与社会	胡作玄著
走向数学丛书	
书　名	作　者
有限域及其应用	冯克勤,廖群英著
凸性	史树中著
同伦方法纵横谈	王则柯著
绳圈的数学	姜伯驹著
拉姆塞理论——入门和故事	李乔,李雨生著
复数、复函数及其应用	张顺燕著
数学模型选谈	华罗庚,王元著
极小曲面	陈维桓著
波利亚计数定理	萧文强著
椭圆曲线	颜松远著